WFH居家工作美學

工作與生活的小房間大變身！

無印良品 居家辦公 簡約時尚 整理哲學

mujikko

pyokopyokop

miji

&多位達人

瑞昇文化

prologue

就算房間小小的，只要有無印良品就能打造最棒的工作空間

全球疫情持續延燒，在家工作逐漸成為常態。有愈來愈多人必須在原本令人放鬆的家中，理出一個專門用來工作的空間。不過各種新的煩惱也隨之而來，比方說家裡到底哪個地方適合工作？要怎麼打造一個能專心工作的環境？

面對層出不窮的新問題，專業的整理收納顧問和網路知名生活達人解決問題的首選，仍是無印良品的收納用品。這些生活智慧王將無印良品的產品運用自如，「在狹窄空間中擠出一張可以專心工作的書桌」或「設計毫無壓力的辦公用品整理術」，打造舒適的在家辦公空間。

本書不僅會介紹整理收納專家的方法，也會展示大量民間生活達人親身實踐的無印良品整理收納術和使用的產品。還在煩惱怎麼整理居家工作空間的人，或是準備迎接Work from Home的人，一定可以從這本書裡找到解決問題的靈感！

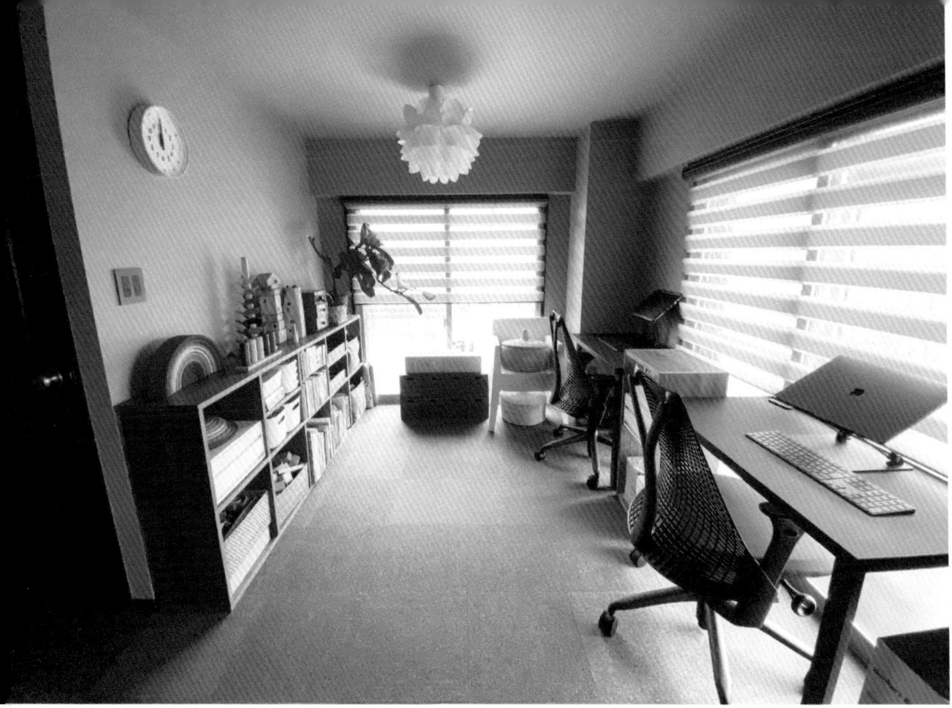

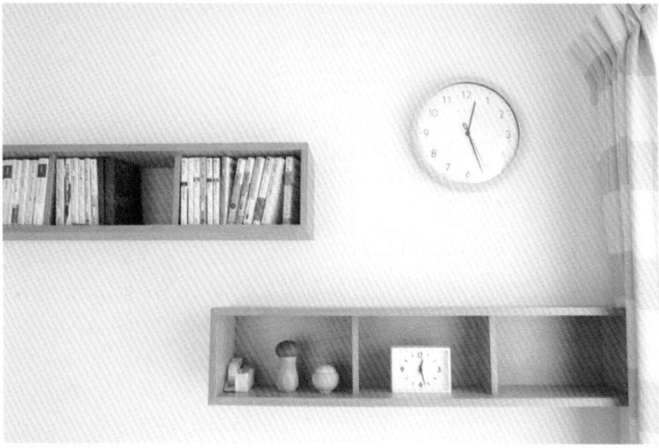

JBL

CONTENTS

CHAPTER 1

整理收納顧問親授 在家工作更舒適的10個秘訣

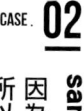

CHAPTER 2

整理收納網紅分享 無印良品變變魔術 從狹窄小房間變舒適工作間

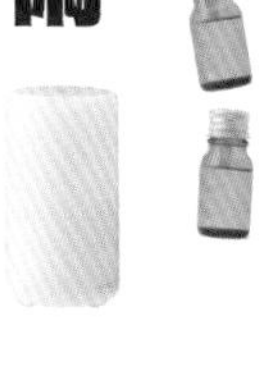

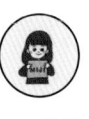

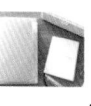

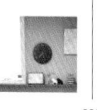

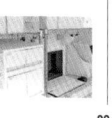

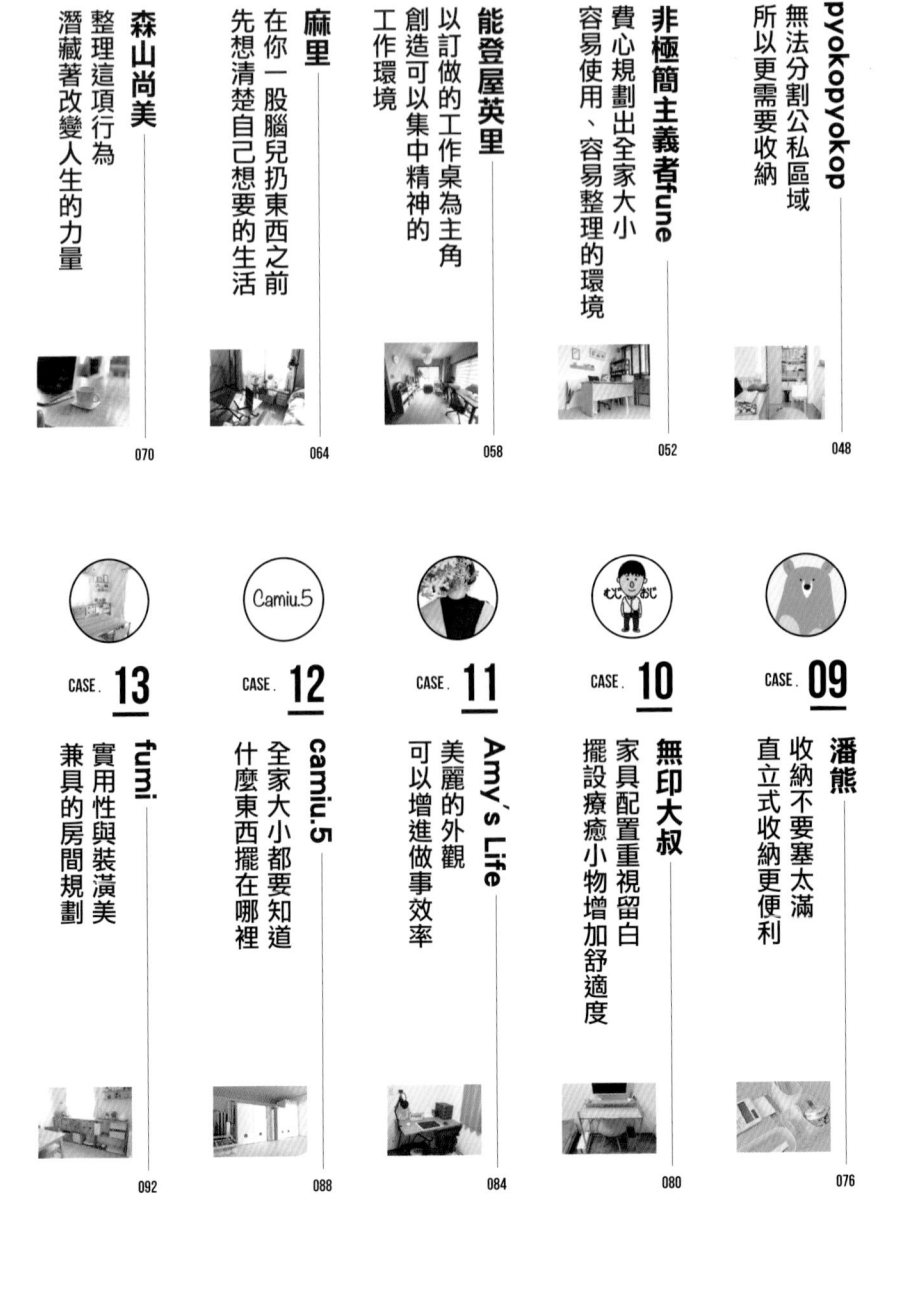

column. 2

CHAPTER 3

辦公用品與工作桌的整理小巧思

收納能手也是工作能手
超人氣IG帳號告訴你

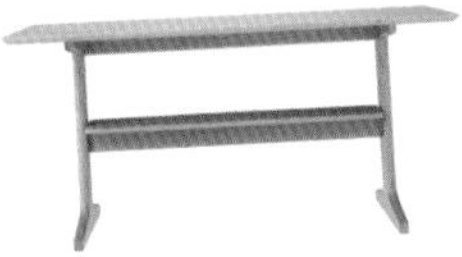

本書使用方法

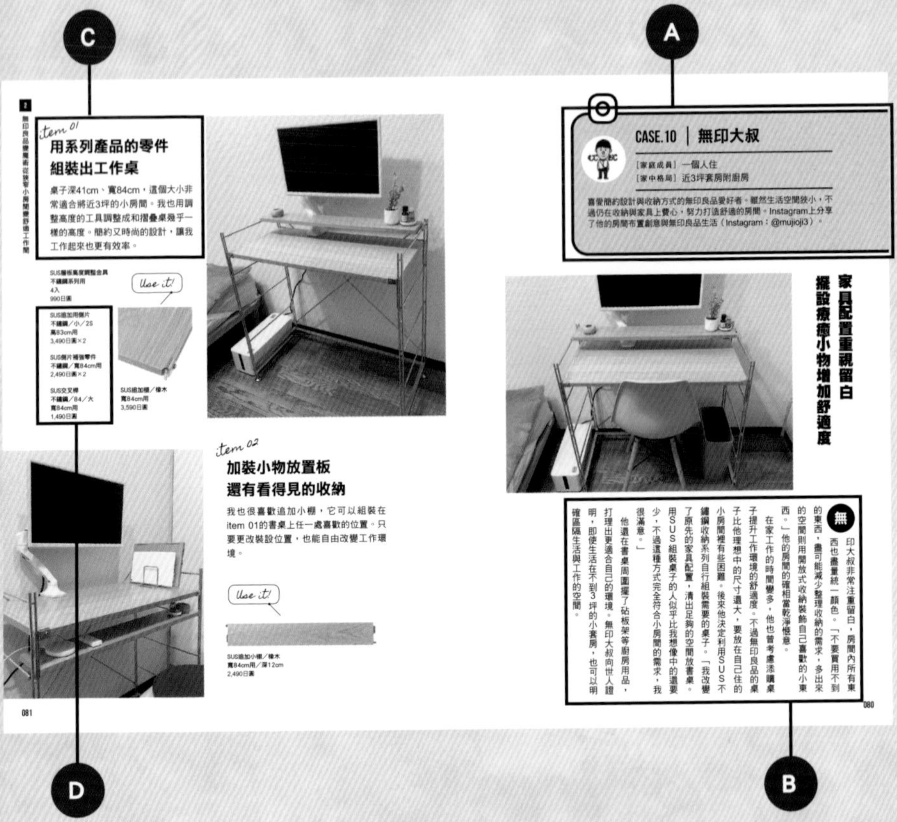

C
A
CASE.10 | 無印大叔
[家庭成員] 一個人住
[家中格局] 近3坪套房附廚房
喜愛簡約設計與收納方式的無印良品愛好者。雖然生活空間狹小，不過仍在收納與家具上費心，努力打造舒適的房間。Instagram上分享了他的房間布置創意與無印良品生活（Instagram：@mujioji3）。
家具配置重視留白
擺設療癒小物增加舒適度
item 01
用系列產品的零件
組裝出工作桌
桌子深41cm、寬84cm，這個大小非常適合將近3坪的小房間。我也用調整高度的工具調整成和摺疊桌幾乎一樣的高度。簡約又時尚的設計，讓我工作起來也更有效率。
Use it!
item 02
加裝小物放置板
還有看得見的收納
我也很喜歡追加小棚，它可以組裝在item 01的書桌上任一處喜歡的位置。只要更改裝設位置，也能自由改變工作環境。
Use it!
081
080
D
B

A

達人檔案

整理收納顧問和網紅、部落客的IG帳號簡介資訊。

B

整理收納法則

說明整理收納的心得和堅持，以及規劃工作區域時的重點。

C

收納術

使用無印良品產品的收納方法，記述最真實的使用心得。

D

商品的基本DATA

明確標示使用商品的名稱、尺寸、價格還有相片等產品資訊。

※本書刊載之商品資訊最後更新日期為2021年1月日本情況，故可能有所差異，商品規格及金額請依各地門市販售為主。
※商品價格皆已含稅。

CHAPTER 1

整理收納顧問親授

在家工作更舒適的10個秘訣

2020年世界情勢驟變，以往的常識不再通用，
在家工作已逐漸成為商場上的新常態。
本章邀請公認的「無印控」mujikko，
分享她專業整理收納顧問、整理收納諮詢員的經驗，
協助大家打造舒適的居家工作環境。
當然也收錄了大量她運用無印良品產品的
優雅收納整理技巧。

work

一點點小創意，一點點小東西 家中任一處都可以是工作空間！

mujikko

經營人氣部落格「良品生活」，分享許多無印產品使用心得文。最近她開設了YouTube頻道「良品生活Channel」（良品生活チャンネル），本身也是知名整理收納顧問、諮詢員。和丈夫、小學6年級的兒子和小學3年級的女兒一家4口住在3房1廳1廚房的公寓。興趣是拍照、種盆栽、室內裝潢、收納，逛無印良品是她的日常功課。

Blog https://ryouhinseikatu.com

超人氣部落格格主mujikko經常分享無印良品和各個品牌的整理收納用品、雜貨、以及讓生活更便利的小東西。雖然她本來就有大半時間是在家工作，不過近來待在家的時間更長，她也趁機重新檢視了一下家裡的工作區。

「家裡誘惑太多，真的很難專心做事。我大多時候在廚房邊的飯桌工作，但需要認真處理事情時，我會選擇站著工作。」她會把電腦移到客廳的櫥櫃和層架上，藉由站立工作方式維持注意力。而她為了避免小腿水腫，用平板看資料時還會一面踩著踏步機。

如果想要坐下來專心處理事情，她會在客廳架一張松木摺疊桌，馬上清出一個工作區。「摺疊桌比較方便搬來搬去，如果家人都聚在客廳，我就帶著桌子窩進孩子的房間，給自己一個能專心工作的空間。」mujikko會根據當天的心情、狀況，在家中各處設置工作區。

mujikko不僅在別人眼中是個徹頭徹尾的「無印控」，她自己也這麼認為。她還擁有「整理收納顧問1級」、「整理收納諮詢員」等專業證照。這次我們請她以收納專家的身分，分享10個打造居家舒適工作環境的秘訣。

mujikko的
work space位
在這裡！

櫥櫃和層架上方本來是擺飾東西的地方，現在則成了站立工作區。她還準備一個ㄇ字型電腦架，墊高筆記型電腦，避免自己打字打到肩頸痠痛。

秘訣● 01 work

用聲音打開工作開關 將視覺和聽覺雜訊最小化！

在家工作最吸引人的地方莫過於「自由」，只要你想，隨時可以來杯好喝的咖啡，還能抽空做點家事。但有時這些好處對工作來說反而會造成不好的影響呢。

還在公司上班時，我們會換套衣服，化個妝，通勤時慢慢打開「工作的開關」，而職場間適度的緊張感也有助於我們完成工作。不過待在家裡真的好難進入工作模式！想要迅速轉換心態，必須確實規定工作時間。我自己是設定每天一到八點半，智慧音響就會播放喜歡的音樂，接著我會戴上耳機，阻隔外界雜音！這些動作是一種信號，告訴自己工作時間到了。習慣的力量不容小覷，現在我只要聽到音樂響起，自然而然就會坐在電腦前面了。

但好不容易打開工作的開關，如果眼前有一堆亂糟糟的衣服和餐具，整個人又會馬上失去幹勁。這樣實在太得不償失了！避免這種情況發生的方法很簡單：眼不見為淨！視野中若出現不必要的東西會分散我們的注意力，所以工作時最好面對牆壁，讓自己只看得見需要的東西。只要做到這點，專注力便會大幅上升。像我習慣在窗邊的櫃子上用電腦，那裡光線充足，偶爾打開窗戶還可以轉換心情。不過開視訊會議時必須再三注意！面對牆壁時，你的房間可是會被大家看光光的。所以開線上會議時別忘了做點準備，比方說設定虛擬背景。

旁邊還可以放一台和手機連動的智慧音響，讓它告訴你今天的行程，協助你進行簡單的計算或查詢英語單字，提高工作效率，縮短工作時間。

如果我想避免自己被洗衣機的運轉聲或外頭的雜音干擾，我會戴上耳機。這年頭有愈來愈多便宜但性能不錯的耳機，尤其無線耳機少了耳機線的干擾，更是居家辦公的必需品。不過戴耳機時很容易錯過電話鈴聲或宅配人員按門鈴的聲音，所以音量也別調太大聲。

△ 智慧音響播起自己喜歡的音樂時 代表是時候上工了

預先替智慧音響設定好時間，時間一到就開始播放音樂，提醒自己得坐在電腦前開始工作了。雖然智慧型手機的鬧鐘也可以達到同樣效果，但根據經驗，人一旦拿起手機便很容易開始滑一些無關的東西，所以單就切換工作心態來說，智慧音響還是比較適合。建議可以設定自己喜歡的音樂清單，提振工作心情。

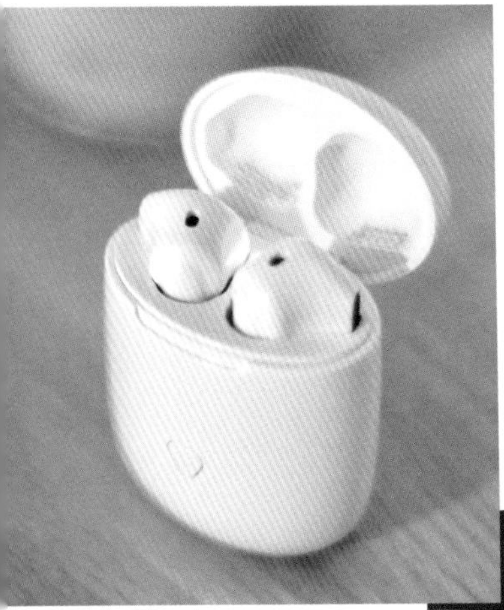

◁ 戴上耳機 瞬間進入無人之境

我喜歡小巧的無線耳機。如果只是自己在家裡用的，也不需要買太貴的型號。我用的這款大約3,000日圓（約新台幣1000元），對音質不是特別要求的人，這個等級的耳機就很堪用了。

除了工作，煮飯、晾衣服或做其他家事時也可以戴上耳機，善用時間聽聽有聲書或Podcast充實自我。我平常就習慣讀電子書勝過紙本書，但最近更習慣用聽的！打開手機的文字朗讀功能，手機就會流暢地唸書給你聽。習慣趁著閒暇之餘聽書之後，一天之內要讀完一本書綽綽有餘。

秘訣● work 02

站立工作，擊退睏意！站著工作還可以維持注意力

在家工作時不必在意他人眼光，所以也沒什麼緊張感，容易犯睏……喝咖啡確實有助於提神，但我試過各種方法之後，覺得最有效的是「站立工作」。只要站著，就不會想睡覺！我一開始會站著工作，其實是為了提高工作效率還有促進身體新陳代謝，達到瘦身效果，後來才發現這樣還可以避免睡意來襲。如果有人和我一樣在家工作時容易想睡覺，非常推薦試試站著工作。

另外一個好處是因為不需要椅子，所以即使在比較狹窄的空間也可以工作。雖然最理想的狀況是準備一張專業的升降桌，但用架子代替工作桌也沒什麼問題。我自己是習慣在無印良品的收納櫃上工作，假如高度不太適合，還可以用電腦架或ㄇ字架稍微墊高，再不然用空箱子也可以。我是以打字時手肘可以自然呈現90度，螢幕比視線矮一點點這兩點為基準，挪用原本收納用的ㄇ字架調整高度，底下的空間還可以收納東西，一舉兩得。以筆記型電腦的重量來說，這種架子就很夠用了。雖然最好還是購買專用電腦架或專業升降桌，不過購買前一定要記得模擬實際使用情況！

站立工作也便於四處走動，所以工作桌不容易弄亂，東西用完可以馬上放回原位，飲料喝完後也可以馬上把杯子拿進廚房。

再搭配前頁訣竅01介紹的「面對牆壁工作」，就能打造理想工作環境。不過站著工作也有缺點，就是腳容易水腫……像我自己嘗試站立工作不久之後，也開始和水腫對抗。為了解決這個問題，我買了踏步機。邊打字邊使用踏步機可能有點強人所難，但趁著閱讀資料或用手機的時候邊踏步，就能避免水腫情況太嚴重。我買的踏步機是左右踩的類型，不過另外也有上下踩或畫圈的類型，選自己適合的機種就好。長時間站立導致腳底痠痛時，可以穿上軟綿綿的拖鞋，或是買一條站立工作專用的地墊。

10

△ 站立工作的重點在於調整好適合的高度！

即使改成站立工作，如果高度不適合，反而會影響工作效率。適當的高度也可以避免肩頸痠痛。我身高159cm，所以筆記型電腦底下還架了一個14cm高的ㄇ字架，工作時就不必過度低頭。網路上還有免費幫人計算站立工作桌合適高度的網站，不妨善加利用。

◁ 站著工作時若不刻意活動一下身體腿很容易水腫

久站容易造成小腿水腫，所以必須刻意活動身體，原地踏踏步也好。為此我買了一臺左右踏步機。不過踩上踏步機後，原本設定的工作高度就不適用了，所以建議還是利用閱讀資料、想事情之類的瑣碎時間踏步消水腫就好。

秘訣● work 03

繁瑣的辦公器具收在高處 既簡潔整齊又方便取用

想

要辦起事來更順利時，我們難免會想在電腦周邊準備一堆辦公用品。如果你的桌子夠大當然沒問題，但假如家中空間有限，這樣子看起來反而顯得雜亂。有這種問題的人，我建議採用「空中收納」。

東西不要放在桌上，而是放在頭上的層架，減少桌上物品數量，增加桌面使用面積。我推薦使用無印良品的「壁掛家具系列」。這系列在所有產品裡面特別受歡迎，且選擇多樣，包含長押、棚板、箱、掛鉤，最近還推出了新的小物盒、小托盤。壁掛家具裝設容易，先在牆上用小小的針裝設好專用掛鉤，再將家具本體鉤住卡好即可，上手之後大約只需要十分鐘就可以安裝完成。更棒的地方在於它是用類似圖釘的東西來固定，所以不會像螺絲一樣需要在牆上開一個大洞。

如果我想在家裡某個地方「設置一個小小的置物處」，也會馬上安裝壁掛家具。不僅外觀可愛，又很有裝飾性，就算是石膏板牆也能輕鬆裝設！隨時都可以在自己喜歡的位置創造收納處。

「壁掛家具」系列的棚板很適合用來放筆筒，建議安裝在伸手可及的地方。不僅可以搭配掛鉤吊東西，也很適合擺隨時需要用到的書冊。至於材質部分則分成橡木和胡桃木，可以搭配家中建材與其他家具，營造整體感。「壁掛家具」表面完全看不出背後還有固定用的細針，彷彿本來就在的系統家具。而且漂亮的木頭紋路也給人一種雅致的感覺。每一項設計簡約的壁掛家具都體現了無印良品的特色，不同品項之間容易搭配使用。

「壁掛家具」系列品項皆附安裝用金屬附件與圖釘，而這些配件中也有秘密。仔細觀察圖釘，會發現它其實是由兩根細針組成，可以緊緊固定金屬附件，不僅提供足夠的支撐強度，還不會對牆壁造成過度的傷害。也可以依個人喜好，自由組合屬於自己的收納家具組喔。

△ 善用「空中收納」清出桌面使用空間！

若家中牆壁為石膏板材質，可以輕鬆裝設無印良品的「壁掛家具」，而且不會對牆壁造成嚴重傷害。瑣碎的文具統一收在一個地方，既節省空間又整齊，還能增加桌面的使用空間。

Use it!

壁掛家具／L型棚板
44cm／橡木
寬44×深12×高10cm
1,990日圓

▷ 輕鬆簡單裝設貼牆收納小物最方便！

拿來裝筆剛剛好，所以記得裝在伸手可及的地方。壁掛家具容易裝設在石膏板牆上，用來收納遙控器等小東西也很方便！

Use it!

壁掛家具
小物盒／橡木
1,290日圓

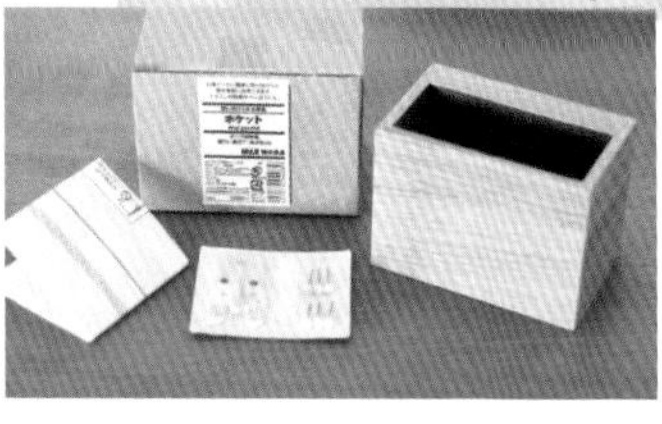

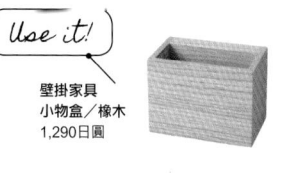

秘訣● 04 work

文具放在固定位置，用完立刻放回去

統一風格，觀感更舒適！

文 具等工作時用的小東西有兩個收納重點。

・固定收納位置

・用完馬上放回原位

「剪刀在哪裡」、「膠水怎麼又不見了」，這種狀況想必大家都很熟悉吧？會發生這種狀況不外乎東西收放位置不固定，或收納場所太遠，所以用完也懶得拿回去放。為防範這些麻煩，工作區的收納一定要落實上述兩個重點。

決定物品的收納位置時，一樣的東西一定要統一收在同一處！決定好「文具放這邊」之後，就再也不必擔心找不到東西。如果收納處離工作區太遠，覺得東西放回原位很麻煩，可以將收納的位置拉近一點，或是增加分裝用筆筒等輔助收納的用具。但筆筒也不要太大，否則一個不小心就會亂塞一堆東西，所以還是小一點好。

無印良品的「小物收納盒」外觀清爽又實用，非常適合用來整理文具！收納盒有很多規格，相信大家都能找到理想的類型。桌上用透明壓克力盒採取「看得見的收納」，什麼東西在哪裡一看就知道。無印良品的壓克力盒相當耐用，透明度高且不易變色。對文具品味有所講究的人，也可以利用透明的收納方式，將文具變成一種展示品。無印良品的壓克力桌上收納用品尺寸可愛，組合使用不同規格產品，不但各項物品所在位置清楚明瞭，外觀上仍能保持整齊。而如果就是希望桌上乾乾淨淨的人，我會建議用不透明的容器。我自己也在用的聚丙烯小物收納盒（白灰色）可以隱藏內容物，每一格抽屜內還可以用隔板分割空間，簡直是收納文具的最佳選擇。隔板可以自由移動，根據收納的物品調整空間，所以零星小物也能收得剛剛好。它的容量比看起來還要大，滿滿的備用品也裝得下。這款小物收納盒可以橫放也可以直放，直放時可以塞在縫隙裡，橫放時上頭也能再擺其他東西，怎麼用都好用。

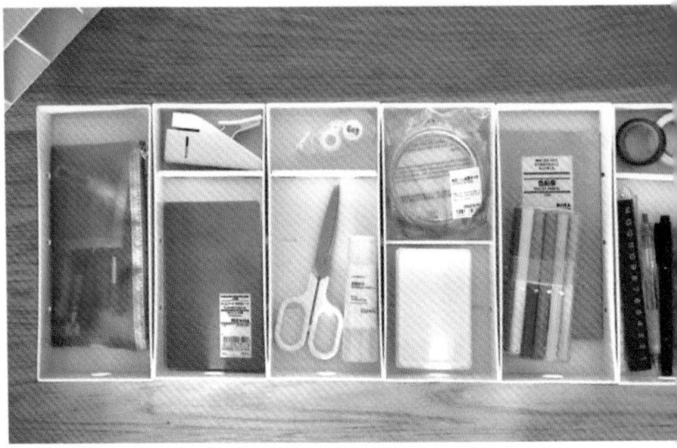

△ 可站可躺的收納盒 文具收納位置更好找！

直立的6層收納盒可以根據擺放的地方靈活應變，只要重組棚板就能改為橫躺放置。我很推薦這款收納盒！因為每個小抽屜裡面還有附一塊隔板，可以配合收納的物品調整寬度，拉開抽屜時東西也不會亂滾。而且筆用完之後還能從小圓孔直接塞回去，這種能稍微偷懶的地方也很棒（笑）。

Use it!

聚丙烯
小物收納盒
6層／白灰
約長11×寬24.5×高32cm
2,490日圓

▷ 透明而美麗 哪裡有什麼一目瞭然！

妥善組合即可創造精巧的文具收納區。改變堆疊方式、改變選用組合、堆來疊去……無印良品的商品變化彈性高，既方便又能將空間運用得淋漓盡致。

Use it!

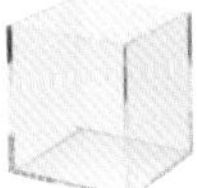

可堆疊壓克力盒
桌上型／大
約寬8.4×深8.4×高9cm
350日圓

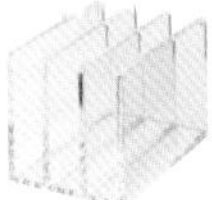

可堆疊壓克力盒
桌上型間隔板
約寬5.8×深8.4×高5.7cm
250日圓

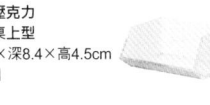

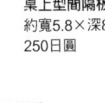

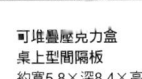

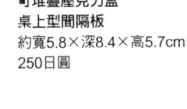

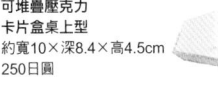

可堆疊壓克力
卡片盒桌上型
約寬10×深8.4×高4.5cm
250日圓

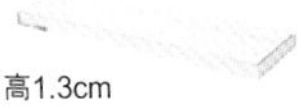

可堆疊壓克力盒
桌上型用托盤
約寬25.9×深9.1×高1.3cm
190日圓

秘訣 ●

05 work

靈活度十足的摺疊桌 隨時於家中各處設置工作區

想

要在家打造工作區，關鍵在於如何規劃出「專門用來工作的空間」。

不是說餐桌上不能工作，問題是這樣吃飯前還要花時間整理桌子，工作時也很難跟家人之間保持適當的距離。但大家是不是不小心被成見卡住了腦袋，覺得工作桌一定要大才好呢？相信很多人都會煩惱：「家裡很難擠出這麼大的空間」、「雖然想要一張自己專用的桌子，可是家裡擺不下太大的家具」。

所以我強力推薦買張摺疊桌，需要工作時馬上做出獨立工作區。而無印良品的「可摺疊松木桌」能完美滿足這樣的需求。這款松木桌的質感很好，一點也不像一般的摺疊桌。自從遠端工作的情況漸增，這張桌子還一度賣到缺貨！聽說很多人都是看上了它親民的價格還有簡約的設計。

摺疊桌最大的魅力莫過於方便收納，即使未來使用次數減少，也可以「折好收起來」，不必擔心占空間。桌面寬八十公分、深五十公分，適合操作電腦也很適合書寫。擺上電腦之後，旁邊還有足夠的空間攤開資料。只要打開桌子，就能在狹小的空間裡創造屬於自己的工作區。我平常都會將桌子搬到客廳或孩子的房間工作。

不過摺疊桌沒有抽屜，容易一個不小心把桌面弄得很雜亂。建議工作時會用到的小東西可以統一收納在一個小容器裡，要使用時再拿出來，用完馬上放回去。徹底實行這項原則，家裡就不會到處都是忘了收的東西。

松木摺疊桌除了拿來辦公，還可以充當燙衣板或做其他事情的工作檯。別看它是摺疊式的，其實做工十分堅固，桌腳穩定性佳，完全不必擔心搖晃問題，甚至讓人不禁懷疑「這真的是摺疊桌嗎」。而且木頭材質的東西用久了會更有味道，我買這張桌子才一年左右，就已經覺得看起來和當初不太一樣了。我想一直用下去，用到它顏色變得更漂亮。

△ 摺疊式桌子省空間 移動收納皆輕鬆！

無印良品的摺疊桌真的物超所值。桌子摺疊起來後可以用金屬扣扣住，所以搬運時不必擔心桌腳掉下來。雖然總重約7.3kg，但搬運上也不吃力。

用這張桌子時一定要配個小小的桌燈！無印良品的LED摺疊攜帶燈外型輕巧，乍看之下一點也不像燈。可以插電使用，也可以裝電池使用。如果要在桌上寫東西，建議準備一組小掃帚和小畚斗。

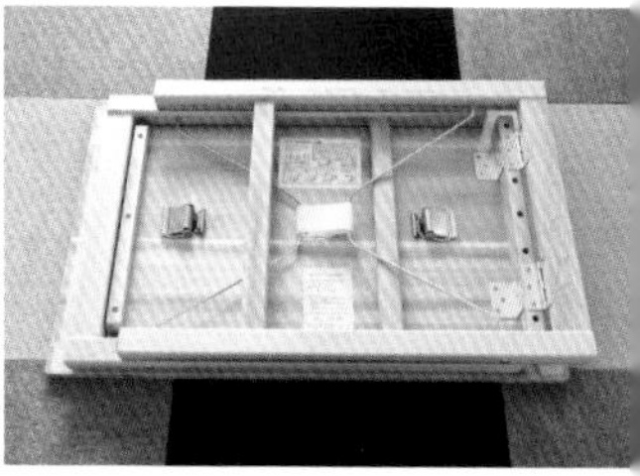

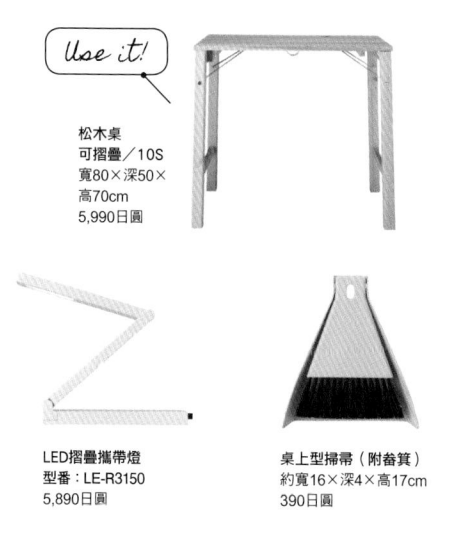

Use it!

松木桌
可摺疊／10S
寬80×深50×
高70cm
5,990日圓

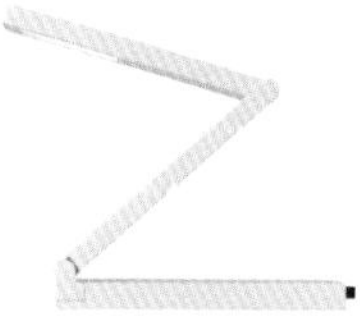

LED摺疊攜帶燈
型番：LE-R3150
5,890日圓

桌上型掃帚（附畚箕）
約寬16×深4×高17cm
390日圓

秘訣 06 work

選擇設計簡約的文具 小巧尺寸還能壓縮收納空間！

很多人原本以為「在家工作只要有筆記型電腦或平板電腦就夠了」，後來才發現意外需要其他東西，或沒有某些東西很不好做事。你以前上班時是不是也會用到大大小小的文具呢？很多人開始在家工作後，馬上就注意到「手邊文具不夠齊全」。以前在辦公室時，伸手就能拿到原子筆、螢光筆，抽屜拉開也有便條和備忘錄，可是很多人家裡應該不像辦公室一樣什麼文具都擺在一起，所以需要用到某個文具時只好在家裡東翻西翻，浪費不少時間……這樣根本無法提高工作效率。

最佳解決辦法是辦公文具集中收在同一個地方，而且文具造型愈簡單愈好。造型簡單的文具可以減少雜亂感，即使筆和膠水隨便放在桌上也不會有壓力，真的很奇妙（笑）。無印良品售有豐富的文具，光是筆一個種類就琳瑯滿目，而且每一款的設計都簡約無比！這些文具當然不是虛有其表，個個實用性滿分，筆芯之類的補充用品也很齊全，可以使用很久，CP值超高。

而且大家知道嗎？無印良品還有很多適合隨身攜帶的小巧文具喔。小小的剪刀、美工刀、釘書機可愛極了。造型俐落又小巧的文具不僅便於整理，可以保持桌面整潔，要帶著走也不是問題。如果不喜歡自己的工作桌看起來雜亂，務必試著使用外型更簡練，尺寸更精緻的文具。

我相信二〇二一年以後，在家工作的情況依然會有增無減。現在正是調整自己工作方法和辦公用品的大好機會。挑選適合自己工作型態的玲瓏文具，也是在家工作的一種享受。

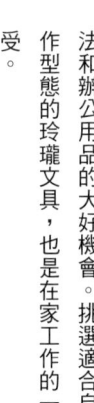

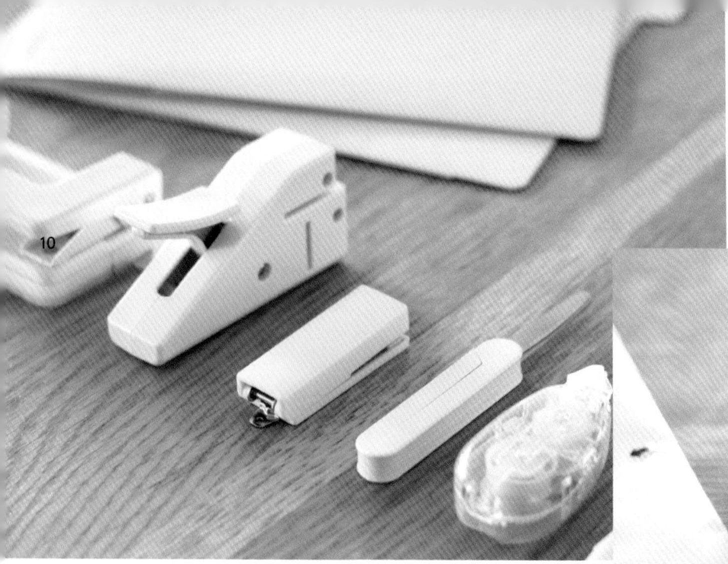

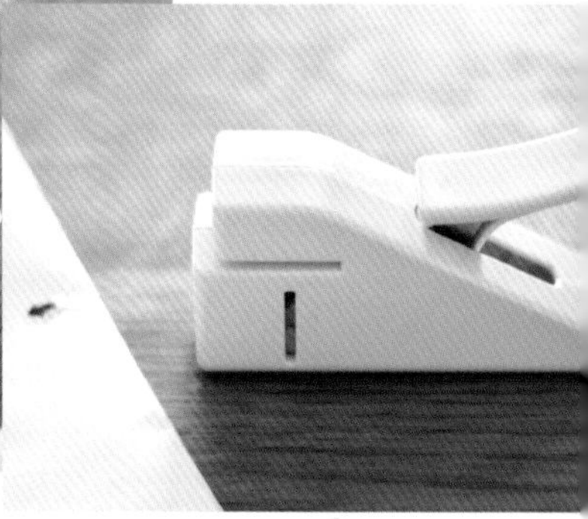

△ 不會製造垃圾的小巧素雅釘書機 用起來安全又安心！

「無針釘書機」真的不需要訂書針！原理是打洞後再將洞塞起來，藉此將紙張釘在一起，用起來超方便。而且因為不用釘書針，不用擔心刺傷。這種使用起來令人心情雀躍的文具，不覺得很值得多收藏幾個嗎？

Use it!

無針釘書機
約寬26×高49×深92mm
550日圓

◁ 用超方便的紙膠帶 製作個人原創手帳

無印良品還有賣這麼可愛的紙膠帶。這些細小的紙膠帶印有待辦事項的確認方格、日期、星期，貼在自己喜歡的筆記本上，馬上就能做出個人風格手帳。這種做法太創新了！紙膠帶本身就有裁線，用手也能撕得很漂亮，這一點也很吸引人呢。

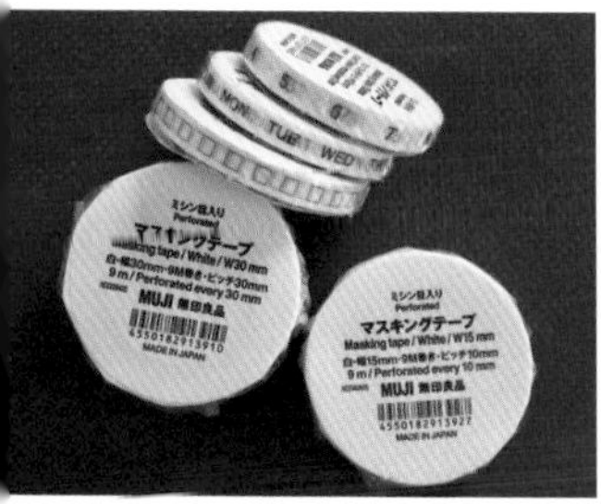

Use it!

附裁線紙膠帶／日期
裁線間距約12mm
日期區間：1～31日（共12個月份）
190日圓

附裁線紙膠帶／待辦事項
裁線間距約12mm／全長9m
190日圓

附裁線紙膠帶／星期
裁線間距約12mm
星期區間：週一至週日（共60週間）
190日圓

秘訣● 07 work

占位子的文件需要分類 用專屬檔案盒保管避免四散

要 說工作桌上什麼東西最占位子，肯定是各種文件！常常這裡堆、那裡放，回過神來整個桌上都是皺巴巴的紙，想要看某份資料時還得從一堆紙裡面翻找……這個問題，就交給堪稱無印良品代表選手的「聚丙烯檔案盒」來解決。文件收進檔案盒，桌上頓時井然有序！每個人的工作桌附近都應該準備幾個檔案盒。即使是夾在透明文件夾裡的A4文件，照樣可以輕鬆收納。其他品牌的產品或許塞不下A4大小的東西，不過無印良品的檔案盒較大，這方面綽綽有餘。

文件是收納上的一大難題，我建議將文件分類成「會用到」、「不會用到」、「暫時保管」並各自收納，才不會一大堆文件全部塞在一起。此外也要養成整理習慣，適時丟掉用不到的資料。暫時保管區的文件若放著不管只會愈堆愈多，最好習慣一個禮拜或一個月整理一次，決定哪些要丟掉，哪些要留存。至於會用到的文件，在相關工作結束之後也務必思考還會不會用到，再決定是否繼續保管。

我們家擺了一大堆「聚丙烯檔案盒」，但不是全部都裝文件，還有信封、包材、賀年卡、紅白包等各種東西。而且盒外一定會貼標籤，才不會搞不清楚盒子裡面裝什麼。

除了文件，各種用途的線材、大包小包的零食等雜物也可以暫且丟進暫時保管用的檔案盒，有時間再好好整理。用這種方法，雜物轉眼間就能收拾完畢。檔案盒的款式有半透明和不透明的白灰色，我極力推薦選白灰色！不僅可以藏起內容物，消除雜亂感，而且比較不容易變色，看起來也相當整齊劃一。無印良品的檔案盒有很多種類，有直立斜口型、標準型，寬度也分成標準型和1／2型。此外還有檔案盒專用的附屬小物盒，可以自由配出喜歡的用法。

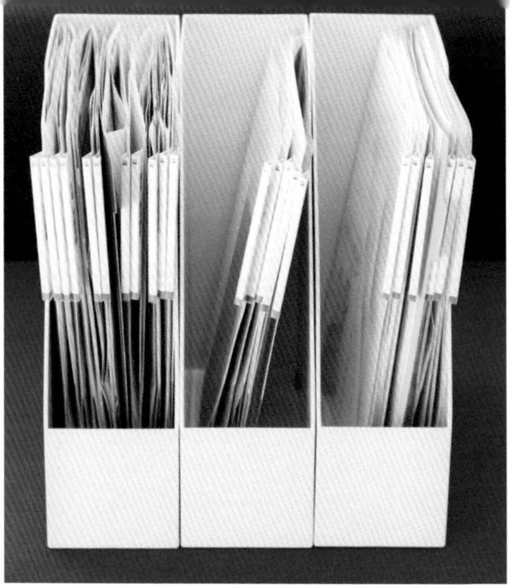

△ 根據生活風格、工作型態分別運用不同形式的無印良品檔案盒

無印良品還有摺疊式和附手把的檔案盒，要用到的文件突然大量增加時，摺疊式檔案盒就可以派上用場，而附把手的檔案盒則可以輕鬆提來提去。請依據自己的工作模式，選擇合適的檔案盒。

聚丙烯立式斜口檔案盒
A4 ／白灰
約寬10×深27.6×高31.8cm
490日圓

◁ 內部有隔板支撐東西不會倒下！專用小物盒剛好適合充當筆筒

附手把的檔案盒便於暫時收納整套辦公用具，只要全部丟進去，就能輕鬆整理完工作桌。尤其和家人共用桌子的時候，這種方法特別方便。還可以另外添購方便的專用小物盒來放筆喔。

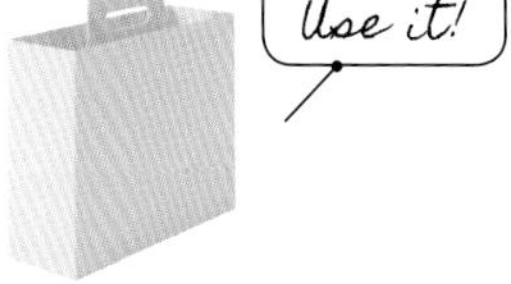

聚丙烯附手把檔案盒
（標準型）／白灰
約長10×寬32×高28.5cm
990日圓

秘訣● work 08

需保管的重要文件丟進「獨立資料夾」輕鬆收納無負擔

前頁的秘訣07談論了文件整理的概要，這個步驟我們要更深入介紹「應保存文件」的俐落整理收納法。

公司機密和記載個資的資料，以及未來勢必還會用到的重要文件，要怎麼保存真的很頭痛對吧？老是想著「之後再歸檔」，卻在不知不覺中愈積愈多……堆到後來只會覺得整理很麻煩，最後便放置不管了。既然如此，大家不妨捨棄習以為常的歸檔方法。之所以這麼說，是因為一般保管文件的方式不外乎裝進透明資料夾、套進扣環檔案夾，而這些方法其實很麻煩！一下子要打洞，一下子又要挪來挪去，太費事了。

所以我提倡一個最簡單又最有效率的歸檔方法，那就是「獨立資料夾」。只要把每一份資料丟進類型對應的資料夾，就能輕鬆分類並保管，簡直是破天荒的好方法！用電腦來比喻應該比較好理解，電腦上的每一個資料夾，就是用來整理檔案的獨立空間。雖然現實不像電腦一樣可以自動排序各個文件，不過這種方法還是遠比其他方式更容易查找、取用自己需要的資料。

「獨立資料夾收納法」最常見的做法是在資料夾的索引部分貼上標籤，然後丟入檔案盒。資料夾還是要搭配檔案盒，東西才放得穩，也比較能充分發揮整理效用。無印良品的「再生紙懸掛資料夾」、「個別檔案夾」正是滿足這種需求的最佳人選。「再生紙懸掛資料夾」的兩端有掛勾，可以掛在檔案盒上。用標籤標註月份或檔案類型，接下來只需要把文件丟進去就可以完成收納。個別檔案夾也一樣，可以在本身的索引區上貼標籤標註。這種方法的另一個好處是順序替換方便，可以省下把所有文件拿出來再重新裝回去的麻煩。以後再也不用煩惱雜七雜八的文件要收在哪裡了。

10

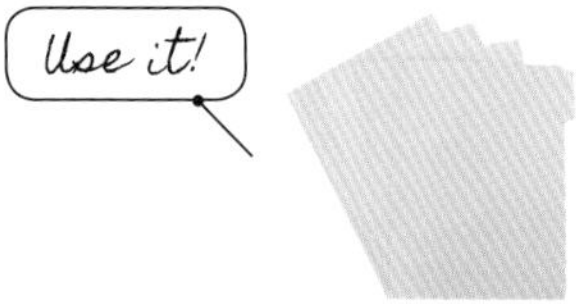

發泡聚丙烯個別檔案夾
A4／4入／白灰
490日圓

△ 輕鬆一放就能簡單分類！懶人也能立即上手

雖然需要長期保存的資料和經常拿進拿出的文件，用材質較硬的塑膠資料夾保存比較好，不過環保的紙資料夾也不失為一種選擇。這種方法不必打洞也不必細分類型，隨手一丟便能輕鬆完成歸檔！自從我用這種方法整理收據後，就再也沒有愈堆愈多的問題了。

▷ 搭配檔案盒使用便利性天衣無縫！

無印良品的「5入再生紙懸掛資料夾」一定要搭配直立式檔案盒使用！這款資料夾開合輕鬆，找起資料一點也不費事。而且底部撐開後有一定寬度，除了文件之外也可以用來收納說明書！

再生紙懸掛資料夾
A4／5入／附索引片
490日圓

秘訣● 09 work

資訊設備要考量搬運方便性 最好統一裝進一個收納袋！

電子產品已經慢慢無線化、輕量化，大幅降低了線材整理的麻煩，尺寸也更嬌小。科技的進步真的很令人高興，畢竟工作時經常有很多器材需要搬來搬去。不過器材體積變小也有個問題，就是很容易要用時找不到。大家應該也常常翻遍了包包，卻還是找不到要用的東西吧？

資訊設備不只是工作用器材，更是現代人的生活必需品，弄不見可就頭痛了。雖說現在大多時間都在家工作，但可能一個禮拜還是會有幾次，或因為其他事情必須到公司報到，也因此帶著資訊設備移動的情況比過去增加了不少。所以資訊設備的整理也要注重搬運方便性，統一收在一個袋子裡。這麼一來就能省下把包包整個翻過來找東西的時間了。而且在家在外都使用同一套設備，還可以減少持有物的數量。

我試過各種百圓商店和雜貨店的收納袋，覺得最好用的還是無印良品的「尼龍網眼收納袋」。以前我都將東西直接裝在化妝包，結果常常找不到，開始用收納袋分裝後就完全沒有這個問題了。尼龍質地紮實，不會被金屬接頭戳破，甚至根本不會損傷。網狀設計也令收納物一覽無遺，要用什麼都能馬上找到。更棒的是它裡面還有一個好用到不行的小內袋！多虧這個小內袋，我再也不會弄丟一些小東西了。尼龍韌性十足，不會像布包一樣被撐開，所以放進包包也不容易卡住，伸手一拿就能輕鬆取出。無印良品的網眼收納袋有很多種尺寸，可以根據自己的物品數量選擇適當的大小。

如果想將各種器材分得更細，我推薦使用無印良品的「尼龍書型化妝包／附內袋」！不但盒身厚、容量大，最大的魅力是可以添購其他分裝袋，自由安排更清楚的分類。這款化妝包還有手把，隨時都可以拎了就走！

▷ 裡面裝了什麼一覽無遺！網狀材質輕巧又強韌

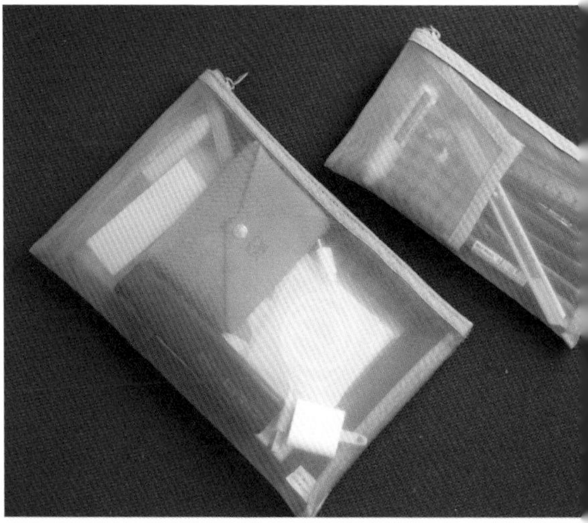

內袋可以放備忘錄或其他瑣碎的辦公用品。尼龍材質輕巧又強韌，網眼設計也便於管理內容物。我非常喜歡用這款尼龍袋收納資訊設備。

Use it!

尼龍網眼收納袋
附內袋／A5　灰
490日圓

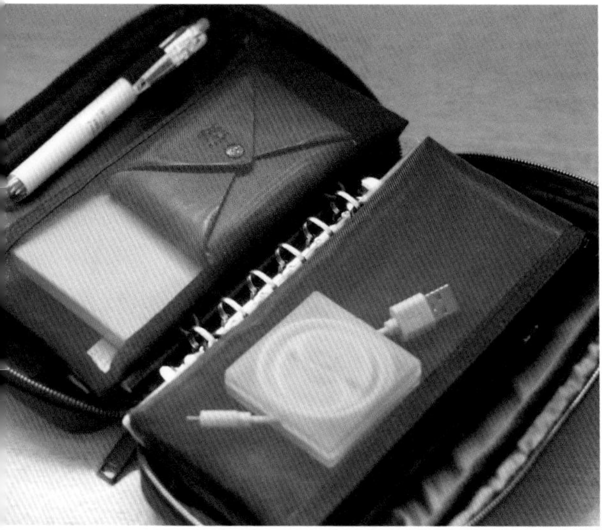

◁ 除了用來裝護照收其他東西也方便！本體厚度十足容量超乎想像

這款化妝包最大的魅力在於扣環設計，使用者可以自由選擇分隔方式。買了這個包包後，我的行動電源、文具之類經常會放在包包裡的東西，或工作桌上的器材，現在整理起來輕鬆多了。

Use it!

尼龍書型化妝包
黑／約22.5×12×3.5cm
1,490日圓

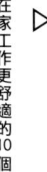

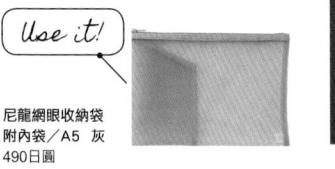

秘訣● 10 work

適時轉換心情才能提升效率！讓香氛撫慰你的毛躁

在家工作也有缺點，比方注意力比想像中更容易渙散，或時不時就想轉換一下心情。但成天窩在家裡工作，也很難有效轉換心情。雖然換首不一樣的背景音樂，換杯不同口味的飲料也是一種方法，但我更推薦換個不一樣的「香氣」。香氛產品絕對可以有效幫助你撫平毛躁的心！

無印良品的香氛產品也很豐富，其中適合放工作桌上的非「芬香石」莫屬。尺寸相當可愛，只有手掌大小，而且只要滴上幾滴精油便香氣四溢，用起來超方便。芬香噴霧器需要每天清理、加水，芬香石則不需要保養得這麼勤，總之就是輕鬆。滴個兩三滴在芬香石上，工作桌周圍就會被幽幽香氣包圍，馬上營造出屬於自己的香氛空間。每天都聞同一種香氣可能會膩，如果能選擇符合當天心情的香氣是最棒的。

想要提升專注力或轉換心情時，我推薦檸檬、柳橙等柑橘類香氣。柑橘類的香氣有催生正面情緒的功效，無論大人小孩都很喜歡，即使和幼童同處一室也不必擔心，可以全家人一起享受香氛。

想要提神醒腦的話，薄荷香氣最適合。清新的薄荷香氣可以撫慰精神疲勞，舒緩壓力。一個人在家工作，無法和任何人說話的那種孤獨感，很容易造成壓力累積。這種時候最適合來點胡椒薄荷款的香氣。工作不順時聞點香氣，鬱悶的心也能獲得解放。

無印良品也推出很多款綜合精油，如香氣溫和的「綜合精油／舒緩」，還有適合睡前使用的「綜合精油／放鬆」都有放鬆身心的效果。工作前想打起精神時，也可以聞一聞「綜合精油／晨曦」。日常生活中的各種場面都可以利用精油增幅心情。

不用火也不用電
十分推薦給
香氛入門新手

芬香石是不用點火，不用插電的素陶器。只要滴上喜歡的精油，待陶器吸收，就能輕鬆享受香氛。適合擺在桌邊或床邊，讓香氛包圍自己。

款式有白色和灰色，我推薦灰色，比較不用在意髒污。芬香石操作難度低，很適合剛開始嘗試香氛的人使用。

Use it!

芬香石／附盤　灰
690日圓

從常見香氛到原創配方
在多種精油中找到
中意的那一瓶♡

想睡覺時可以用薄荷香氣提振精神！肚子餓時可以聞聞柑橘香氣騙騙空腹感（笑）。根據當下心情選擇香氛也是一種樂趣。無印良品有很多種精油，建議大家親自聞過再決定要買哪一款。

Use it!

綜合精油／放鬆　30ml
3,490日圓

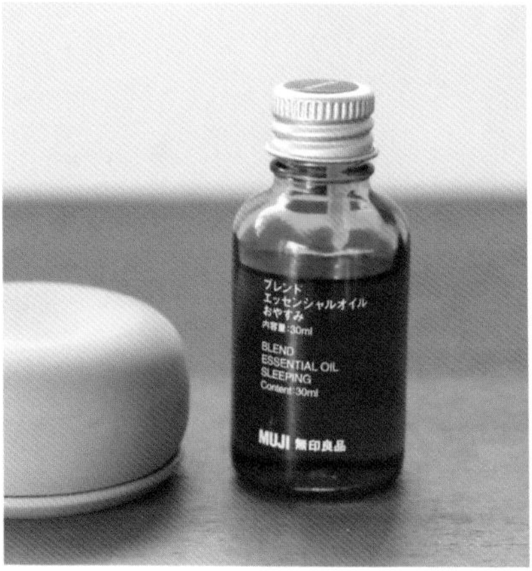

因為無線，所以輕便
在任何喜歡的地方享受香氣♪

假如不怕麻煩，願意常常清理保養，超音波芬香噴霧器也是個好選擇。香氣會隨著水霧擴散開來，瀰漫在整座房間裡。

Use it!

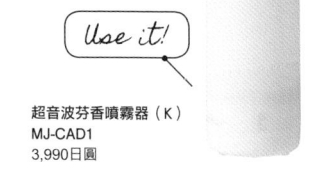

超音波芬香噴霧器（K）
MJ-CAD1
3,990日圓

column.1

＼在家工作也別忘了喘口氣！／

真心推薦無印良品的零嘴＆飲料

本專欄會為大家介紹各種適合小憩時刻享用的無印良品零嘴＆飲料。適時休息，才能提升工作效率！

1

高營養價值的健康小零嘴

綜合果乾＆堅果
含葡萄乾
白巧克力
75g

250日圓

可以吃到杏仁果、無花果、核桃、葡萄乾巧克力，推薦給喜歡豐富口味的朋友。

2

愛吃巧克力的人絕對為之瘋狂！

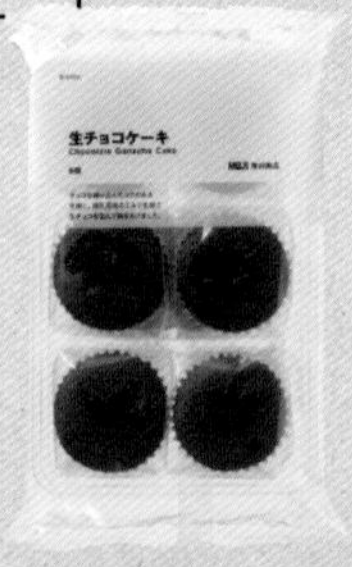

大袋
生巧克力蛋糕
6個

299日圓

濕潤又濃郁的巧克力蛋糕中，還包著濃情蜜意的生巧克力，吃了超滿足。

3

配咖啡最適合！

不整齊
蘋果肉桂蛋糕
1個

150日圓

無印良品的「不整齊系列」零嘴一直都是人氣商品。而這款蛋糕除了蘋果和肉桂之外，還帶有一股淡淡的酒香，是屬於大人的甜點。

4

空腹嘴饞時馬上來一片

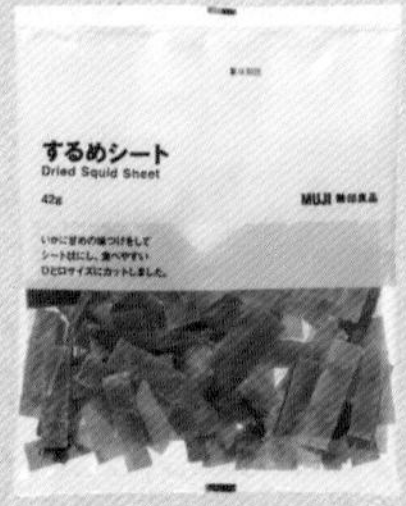

魷魚片
42g

250日圓

魷魚本身的鮮味搭配偏甜的調味非常下酒，讓人忍不住一片接著一片吃個不停。不僅沒有任何腥味，一口大小吃起來也很方便。

5

甜中帶有香料風味令人舒心的滋味♪

風味沖泡飲品
印度拉茶
120g

350日圓

肉桂、小荳蔻等香料與牛奶結合的奶茶。雖然是沖泡式粉包，不過味道可是非常道地的印度香料拉茶喔。

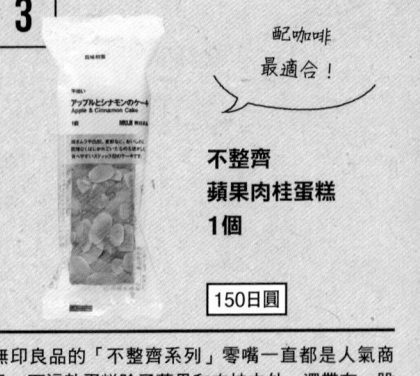

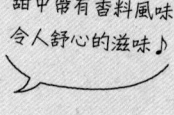

CHAPTER 2

整理收納網紅分享

無印良品變魔術
從狹窄小房間
變舒適工作間

網路聲量十足的無印控網紅
分享他們推薦的工作區用品和
打造出清爽房間的收納術。
也許你會藉此發現習以為常的用品
可以有截然不同的使用方法。
跟著他們一起發掘靈感，開創理想的居家工作環境。

CASE.01 | kana_home

［家庭成員］丈夫、兒子、女兒共一家4口
［家中格局］3房2廳1廚房

為全家大小設計輕鬆快樂生活的媽媽，以客廳收納空間作為工作區的獨特創意大獲網友好評。主張東西能少則少，生活應簡單而細膩。（Instagram：@ kana_home）

善用空中收納法 清出更多平面空間

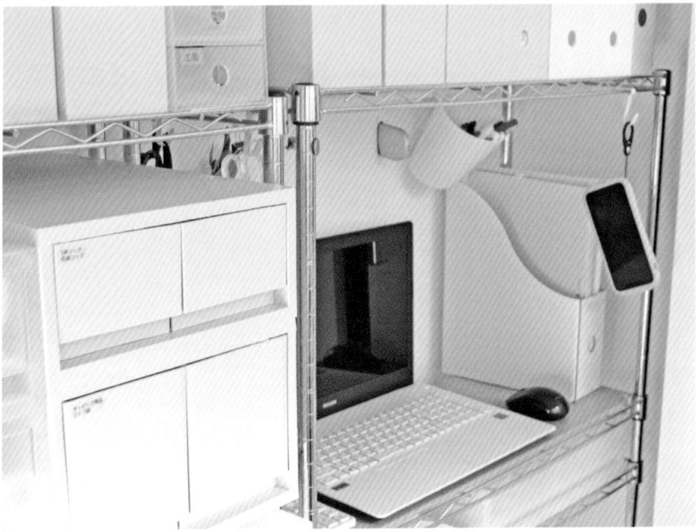

kana-home的工作空間，就藏在客廳收納區。「我喜歡這個工作空間，因為只要一拉開櫃子就能馬上開始工作，而且即使工作到一半需要離席，只要關上櫃子就不會看起來亂亂的。」她和我們分享維持清新觀感的收納重點，充分利用吊掛式收納的優點，只要稍微伸個手就能拿到需要的東西，工作起來也更有效率。

kana-home特別強調，家裡的東西絕對不會落地。一旦有東西放在地上，之後就會愈堆愈亂，到處都是東西。他們全家人都徹底落實這項生活守則。

kana-home特別擅長空中收納，她告訴我們：「與其買收納用品，我更偏好用掛勾和其他空中收納的方式。因為這樣可以清出更多平面的空間。」

希望家裡整潔乾淨的人，不妨多多參考kana-home為了全家人方便而規劃的空間哲學。

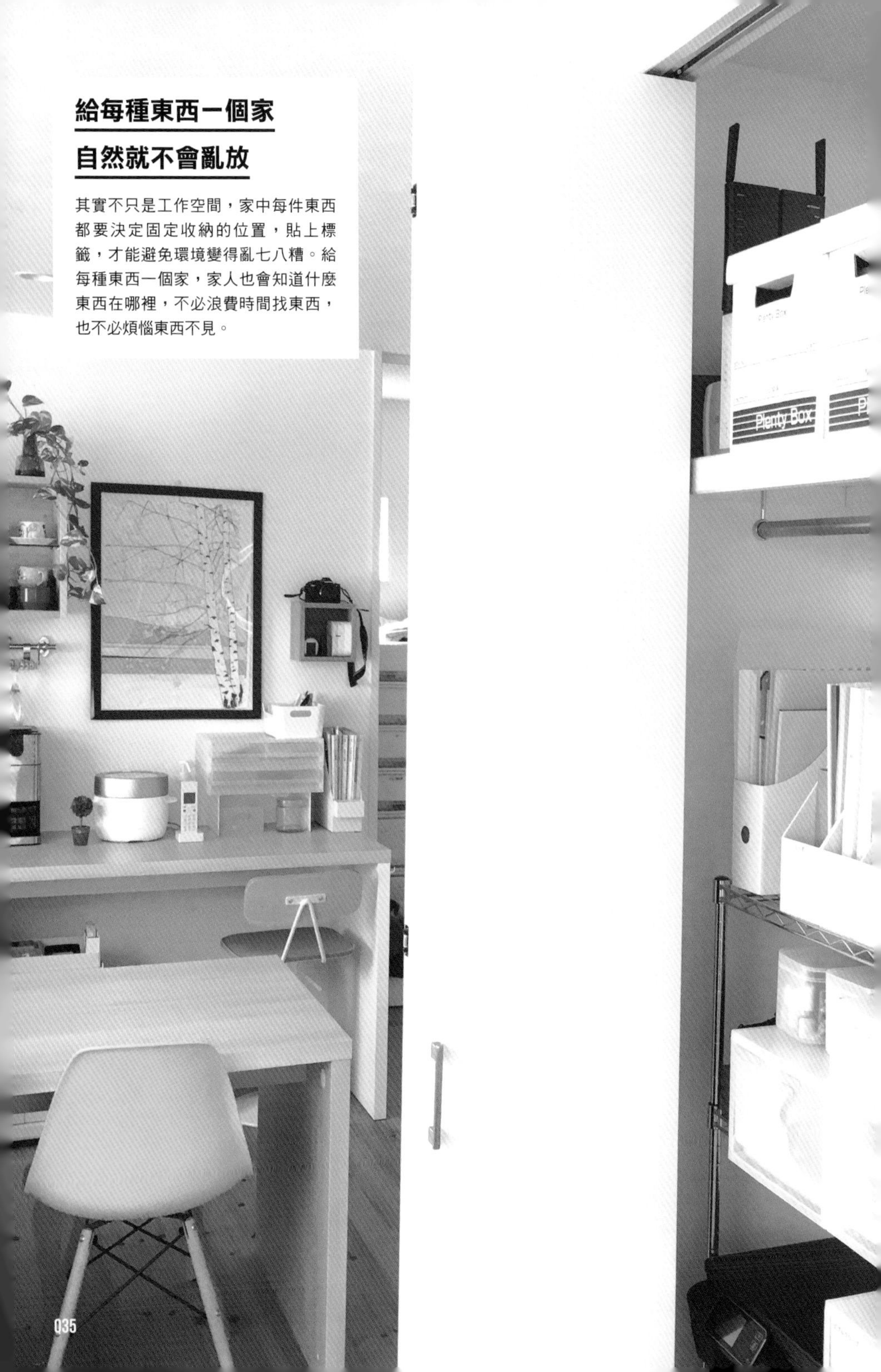

給每種東西一個家
自然就不會亂放

其實不只是工作空間，家中每件東西都要決定固定收納的位置，貼上標籤，才能避免環境變得亂七八糟。給每種東西一個家，家人也會知道什麼東西在哪裡，不必浪費時間找東西，也不必煩惱東西不見。

item 01

必備辦公用品放在活動式資料櫃

我會將辦公用品和文件放在一起。無印良品的收納用品尺寸剛剛好，抽屜內也可以輕鬆做到井井有條。推著有輪子的櫥櫃走，家中任一處都可以馬上變成工作區。

Use it!

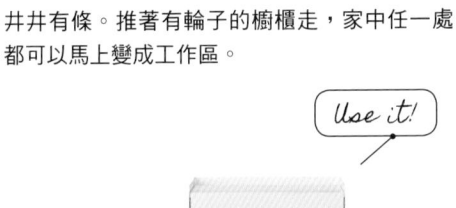

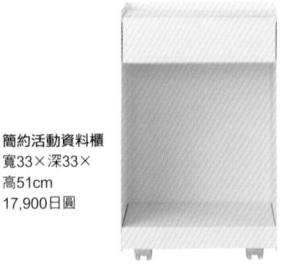

簡約活動資料櫃
寬33×深33×
高51cm
17,900日圓

item 02

搭配運用大大小小的收納用品

我很中意無印良品尺寸齊全的收納用品，可以根據空間條件選用適當的產品。搭配使用不同尺寸的收納用品，可以理出更便於工作的空間。

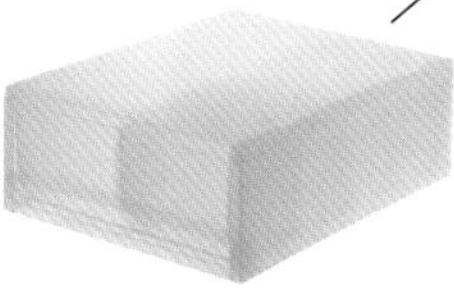

PP盒／淺型／2格
附隔板（正反疊）
約寬26×深37×高12cm
1,190日圓

Use it!

PP盒／薄型（正反疊）
約寬26×深37×高9cm
790日圓

item 03

容易散亂的地方用抽屜式收納維持整潔

以前這座檯子底下常常有隨便亂丟的東西，後來我幫家裡每個人都準備了專用收納抽屜。白灰色的款式可以藏起內容物，看起來比較乾淨整齊。

PP資料盒／橫式
薄型／2個／白灰
約寬37×深26×高9cm
1,100日圓

PP資料盒／橫式
淺型／白灰
約寬37×深26×高12cm
990日圓

Use it!

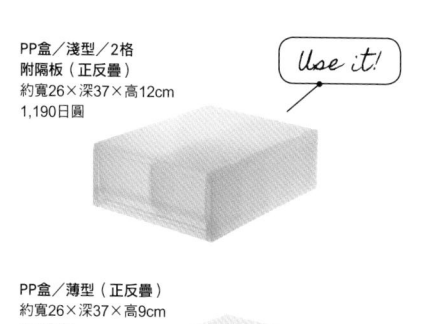

CASE.02 | samiso

［家庭成員］丈夫、2個孩子一家4口、3隻貓
［家中格局］5房2廳1廚房1儲藏間

育有2兒的全職媽媽，擁有整理收納顧問1級證照。雖然平日忙於家事、育兒，還要照顧3隻貓，週末仍會花心思審視家中物品，為了創造更舒適的居家空間而奮鬥。興趣是親手製作居家裝潢物品。（Instagram：@samiso_ouchi）

因為不擅長收納 所以不會無謂增加收納場所

「無印良品的很多收納用品多年來不曾換過設計，很久以前買的收納盒，過了幾年還想添購時，依然可以找到一樣的款式。這對我們來說很方便，也是無印良品的魅力所在。」samiso的家裡確實可以看到無印良品的收納用品大展拳腳。

samiso說自己本來很不擅長收納，現在她卻已經是擁有專業收納證照的達人。她收納時會盡量減少東西數量，並且掌握自己有什麼。「我盡量統一使用白色的收納用品，維持簡潔的外觀。不過我本來就會提醒自己不要隨便增加收納用品，盡可能讓每個東西都收在原本的地方。」

全家人共用的東西，收納時會設法讓大家都方便取出、方便收拾。例如電腦桌周邊也會準備一個暫時置物區，避免事情做完後還留了一堆東西在桌上。相信大家都可以明白，連小孩子也會的簡明收納方法，就是維持空間整潔的秘訣。

小孩也會用到同一張桌
所以收納位置必須明確

電腦不是擺在自己專用的工作室，而是全家人都會用到的共同空間，所以我特別注重這個區塊的簡潔和使用方便性。至於藍色的油漆和花布電腦套則可以點綴整座空間。

item 01
文件固定放在一處 避免丟失

孩子帶回家的通知單、學校的作業都暫時擺在這裡。為避免重要文件亂放，到最後弄不見，事先決定好固定放置的地方是最輕鬆的做法。

Use it!

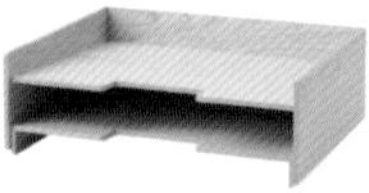

木製檔案收納盒
2層／A4
約寬32×深24×高10.5cm
2,490日圓

item 02
孩子也能輕鬆 物歸原位的收納

原子筆、剪刀、膠帶這些全家人共用的文具統一放在抽屜裡。抽屜裡面還會用托盤區隔空間，方便孩子將東西放回原位。

Use it!

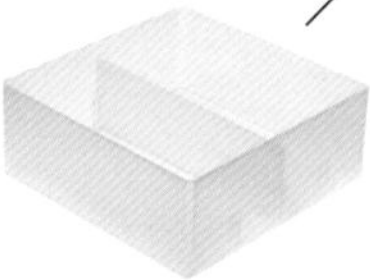

PP抽屜整理盒（1）
約100×100×40mm
120日圓

PP抽屜整理盒（4）
約134×200×40mm
190日圓

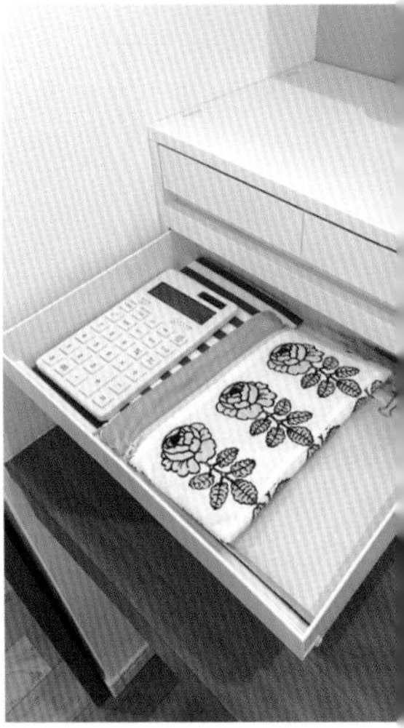

item 03

收藏的紙膠帶和小東西收在一起

專門用來收納紙膠帶的抽屜盒。此外也收納一些醫療單據和不能弄丟的重要物品、計算機、桌面清理用品等小東西。

Use it!

PP資料盒／橫式
薄型／白灰
約寬37×深26×高9cm
890日圓

PP資料盒／橫式
薄型／2個／白灰
約寬37×深26×高9cm
1,190日圓

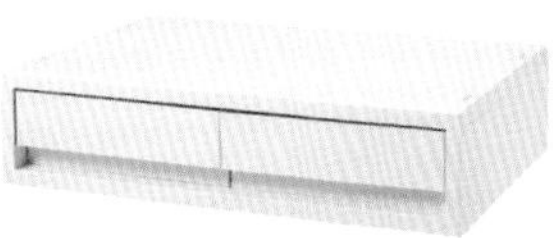

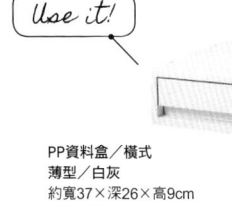

CASE.03 | miji

［家庭成員］※不公開

［家中格局］2房2廳1廚房

經營專門介紹無印良品產品的帳號，本人也是絕不漏接任何新品資訊的死忠無印良品愛好者。她分享的產品使用心得、優惠資訊，以及懶人創意食譜都非常受網友歡迎。目標是過著充滿無印良品，簡約而別緻的生活。（Instagram：@ miji_muji）

西盡量少少的 生活自然更別緻

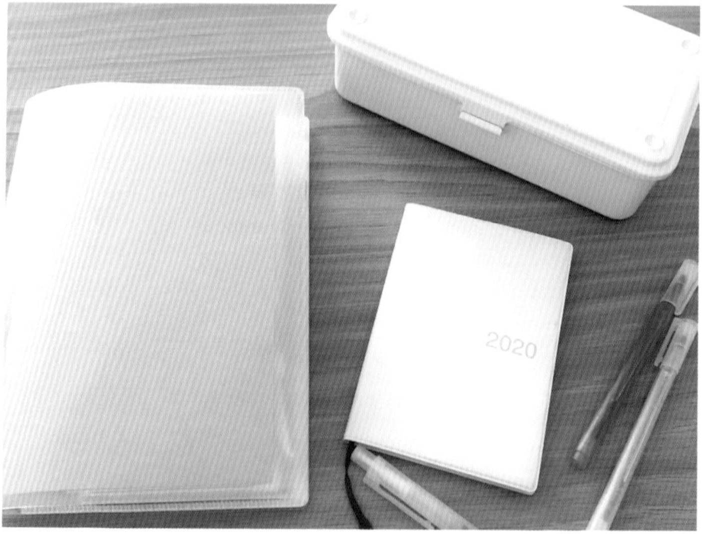

以前家裡只有一張小桌子，可是現在在家工作的機會多了，所以我添購了餐桌和沙發椅。」miji說。她另外還買了張放鬆用的沙發，讓工作區以外的環境更舒適。

miji的東西本來就少，所以以前只是把東西大致收在衣櫃裡。不過現在待在家的時間增加，她也趁機重新思索收納方式。她說她會幫每一項物品分類，決定固定收納位置，以便需要到時馬上取用，而一天的尾聲一定會將所有東西放回原位。

「多買收納用品，東西數量也會增加，所以籃子之類的容器我也只買需要的數量。不要增加物品，家裡自然不容易亂，也不需要什麼特別的收納技巧。」過去一個人住的時候她就習慣這種東西少少的清淨生活，一直到現在也維持這種風格。如果你也是東西很多，容易堆得一團亂的人，或許很適合參考miji的生活方式。

用小東西妝點
樸素的空間

客廳的桌子和沙發椅就是我的工作區。我選擇原木色的款式，氣氛比較溫馨。而色彩斑斕的北歐風靠枕則發揮了裝飾的功用。

item 01

添購方便工作的好桌子

我想既然待在家的時間更多了，不如就買張好一點的桌子，提升客廳生活機能。這張桌子桌面雖大，高度卻不高，所以不會有壓迫感。

LD兩用桌／130×65／OS
約寬130×深65×高60cm
29,900日圓

LD兩用沙發椅／OS
寬55×深78×高77cm
24,900日圓

LD兩用沙發椅
專用把手／OS
寬4.5×深45.5×高28.5cm
2,990日圓

item 02

沙發套換個顏色氣氛頓時改變

我很喜歡這張沙發椅坐起來的感覺，相當舒服。而且它的沙發套有很多不同的圖案，可以挑選自己喜歡的款式。還可以另外購買專用把手組裝。

＊沙發套需另外購買

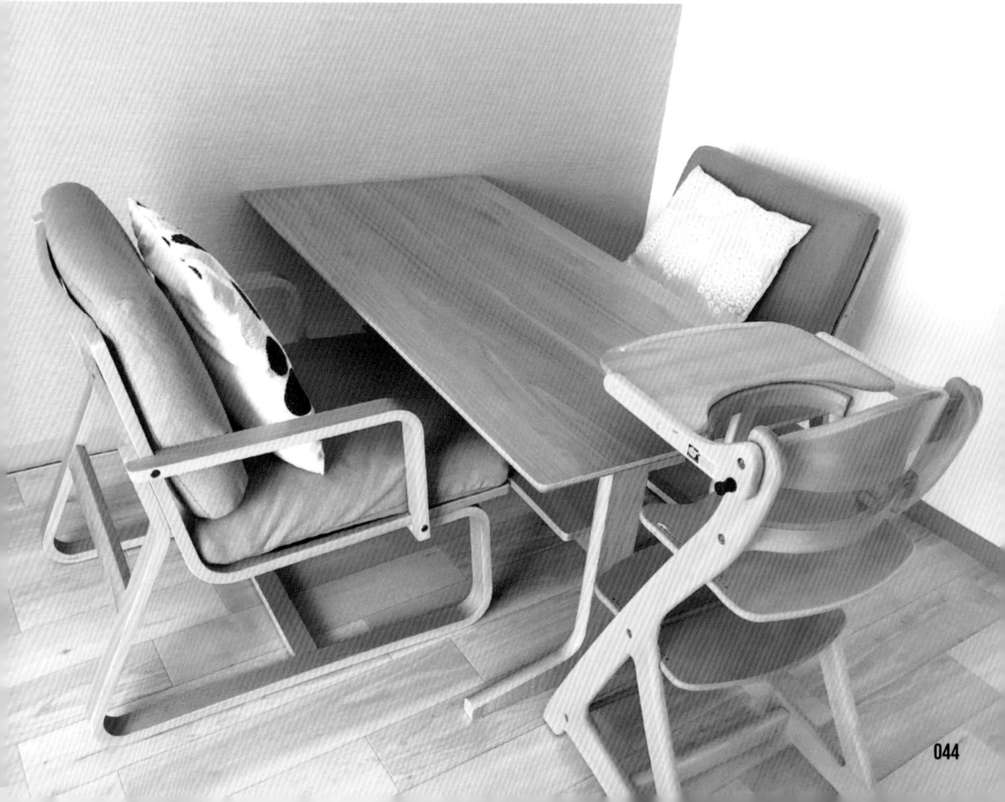

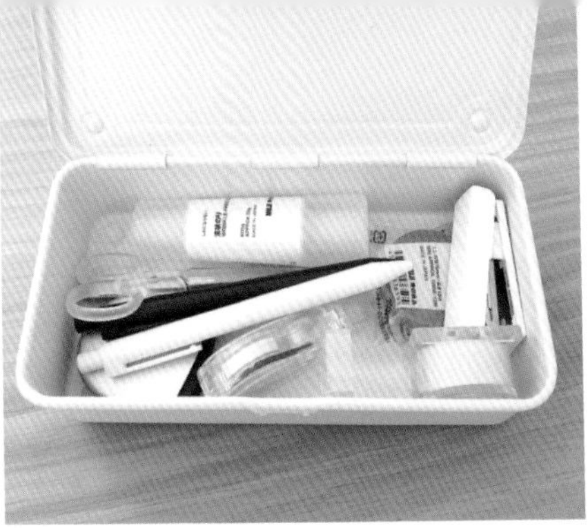

item 03

時不時用到的小物
裝進喜歡的工具箱

這個鋼製工具箱裡裝著文具和其他時不時會用到的小東西。白色的外觀看起來很可愛，所以我會放在顯眼的地方。

Use it!

鋼製工具箱／1
約寬20×深11×高6cm
1,190日圓

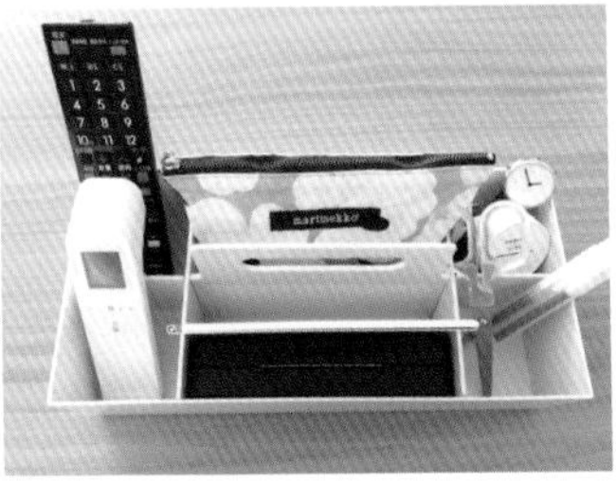

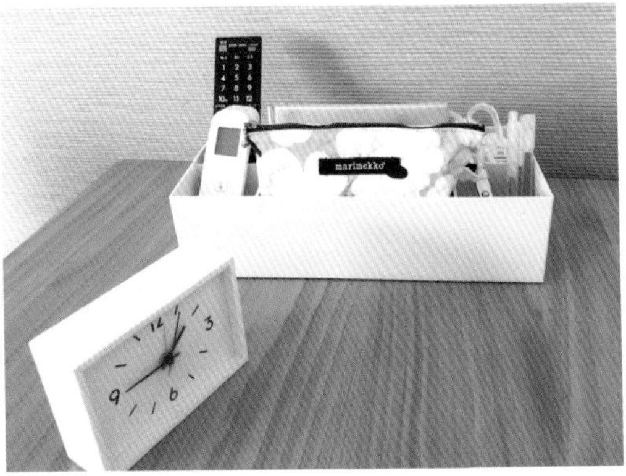

item 04

常用物品集中
置於收納盒

原子筆、剪刀之類比較常用到的東西，我會直接放在手提收納盒裡以便取用。桌上的時鐘也很有無印良品的設計風格，看一眼就知道現在幾點，這也是我特別喜歡的地方。

Use it!

車站鬧鐘／象牙白／7S
寬126×高90×厚40mm
2,990日圓

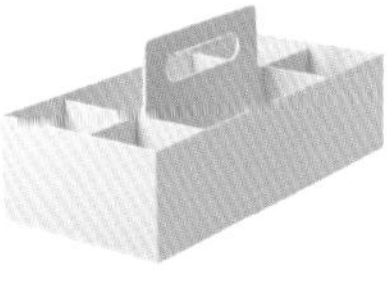

PP手提收納盒
寬／白灰
約寬15×深32×高8cm
990日圓

item 05

附內袋的超方便
網狀收納袋

「尼龍網眼收納袋」很適合用來保管存摺。裡面還有一個小內袋，可以用來放印章和原子筆。至於用藥紀錄手冊我則是用EVA夾鍊收納袋統一保管。

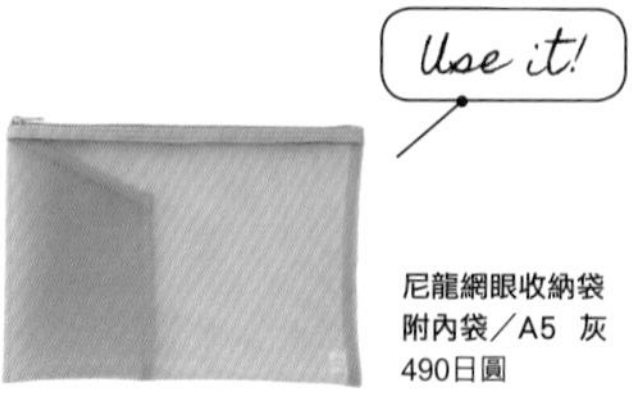

尼龍網眼收納袋
附內袋／A5 灰
490日圓

EVA夾鍊
收納袋 A5
100日圓

item 06

文件收進文件包
收納也可以很有型

這款手提包可容納2個A5大小的收納袋並排，所以除了用來放文件，也可以直接用來收納item 05。而且它可以直立擺放，一點也不占空間。

聚丙烯手提文件包
立式可收納／A4用 白灰
約縱28（含手把）×橫32×厚7cm
890日圓

PP薄型收納夾
筆記本封套
6口袋／A5
190日圓

Use it!

筆記本（6mm橫線）
線裝／30張　A5
80日圓

夾鏈小物袋
（A5筆記本用）
190日圓

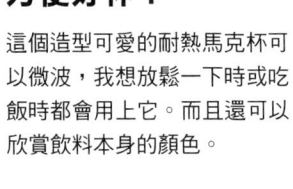

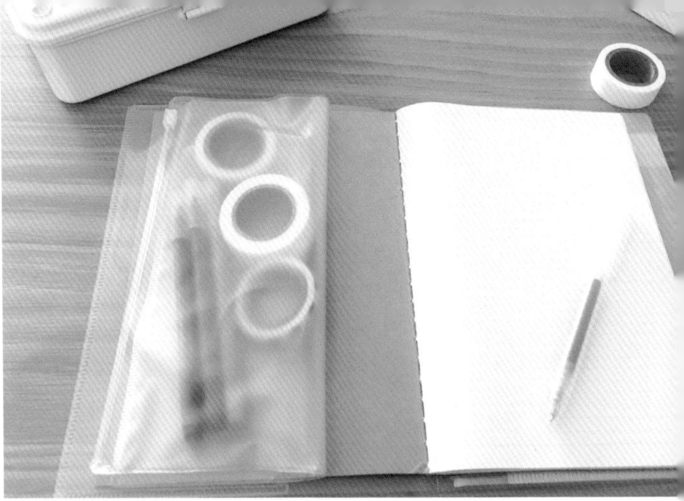

item 07

裝上資料夾×小夾鏈袋 製作獨一無二的筆記本

薄型收納夾和夾鏈小物袋真的是很優秀的產品，可以直接在筆記本上加裝筆袋。搭配附裁線紙膠帶，還能做成管理行程用的簡易記事本。

Relax

item 08

冷熱皆宜的 方便好杯！

耐熱玻璃　馬克杯
約360ml
390日圓

這個造型可愛的耐熱馬克杯可以微波，我想放鬆一下時或吃飯時都會用上它。而且還可以欣賞飲料本身的顏色。

item 09

在家品嘗咖啡廳風午餐 享受下午茶時光

可以直接淋在白飯上的調理包系列有很多種口味，而且份量十足。想要來頓微奢侈的正餐時很適合開一包。想像自己來到咖啡廳一樣享受甜點的放鬆時光也很重要。

速食湯拌飯
魯肉飯140g
（1人份）
350日圓

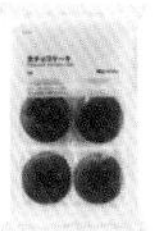

大袋
生巧克力蛋糕　6入
299日圓

CASE.04 | pyokopyokop

[家庭成員] 丈夫、2個女兒共一家4口
[家中格局] 3房2廳1廚房

防災儲蓄收納1級規劃師／家事清潔員1級／整理收納顧問1級。生了孩子之後，重新思索如何利用時間，如何提升做家事的效率。主張簡單的裝潢與能力所及的優雅生活，並經營部落格、YouTube、Instagram（Instagram：@ pyokopyokop）

無法分割公私區域 所以更需要收納

pyokopyokop以前很不會做家事，還是個夜貓子。當她生完第一胎，回公司上班後，生活卻變得一團糟。「我當時覺得再這樣下去不妙，所以慢慢改變，累積更多巧思。」她說。

她收納時特別注重東西是否好拿好收。由於家裡的餐桌就是她的工作桌，意味著她的工作區和家中公共區域重疊，所以她決定「東西一定要收在使用處附近。愈常用到的東西，就要收在愈方便拿取的地方。」正因為家中文具是全家人共用，所以她在收納用品外貼了標籤，確保任何人都能馬上看出哪裡放了什麼。

無印良品的收納用品設計簡單，實用性高，深得pyokopyokop的心。她也考量到打掃便利性，可以懸掛收納的東西就吊起來保管。

即使無法分割工作與生活區域，也能維持空間整齊。就讓我們一起來看看pyokopyokop的收納智慧。

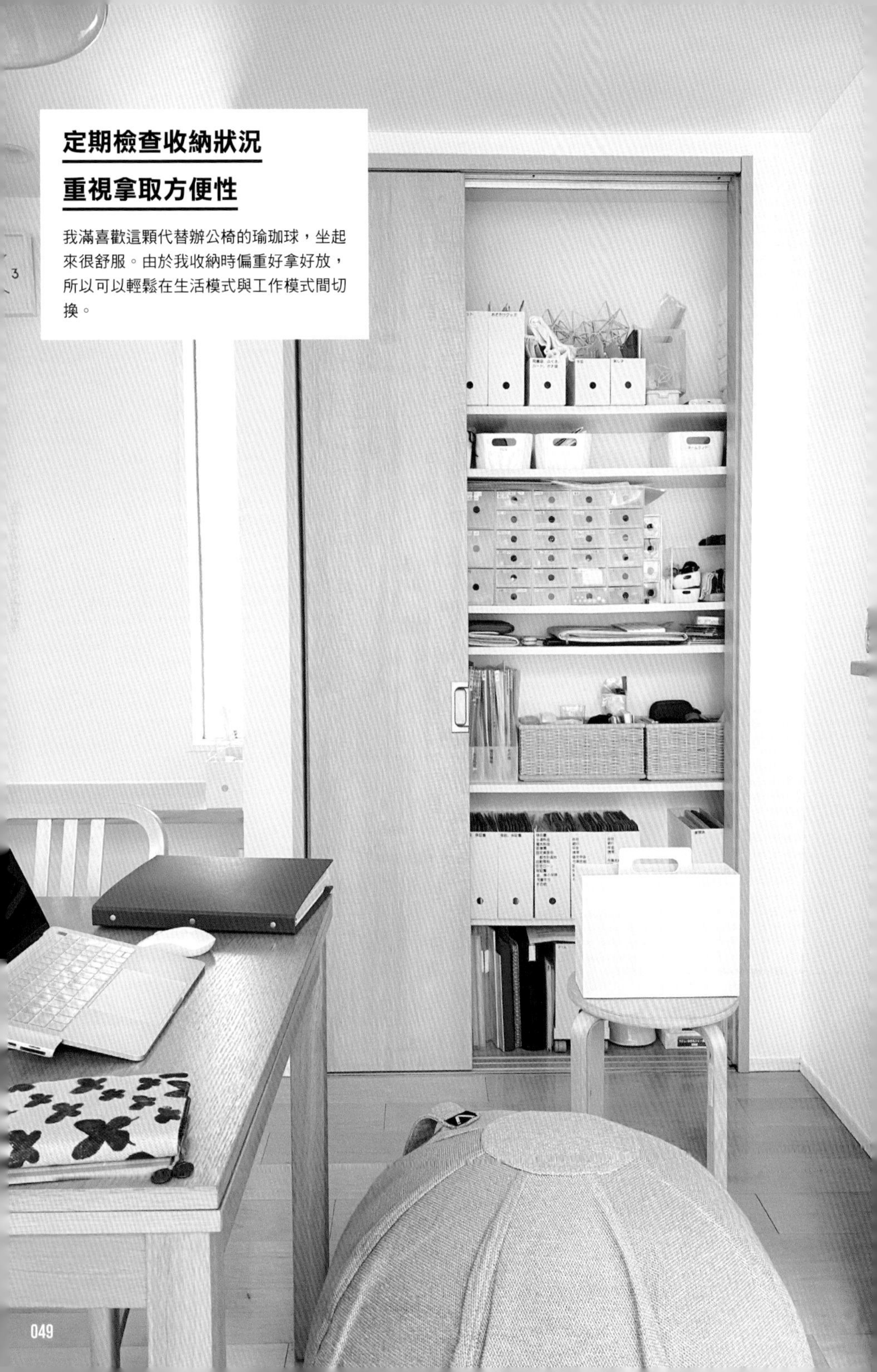

定期檢查收納狀況
重視拿取方便性

我滿喜歡這顆代替辦公椅的瑜珈球，坐起來很舒服。由於我收納時偏重好拿好放，所以可以輕鬆在生活模式與工作模式間切換。

item 01

雖然平常看不到 但是隨時拿得到

檯子底下吊著清潔滾輪和其他清掃灰塵的掃具。因為拿取方便，可以趁著工作空檔快速打掃。

Use it!

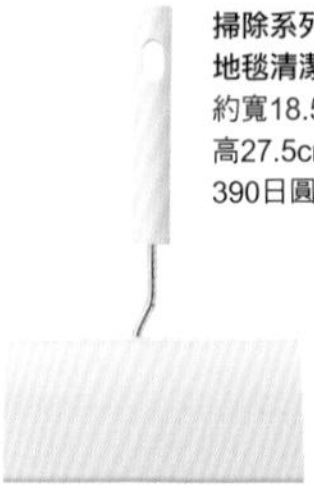

掃除系列
地毯清潔滾輪
約寬18.5×深7.5×高27.5cm
390日圓

掃除系列
微纖毛除塵撢／迷你
約長33cm
490日圓

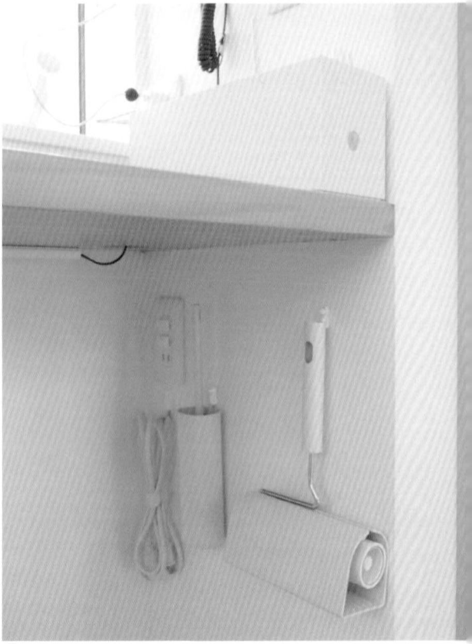

item 02

每個東西都有自己專屬的抽屜

便條紙、便利貼、水性筆……每項物品分門別類，並各自收在專屬抽屜裡。這些東西全家人都會用到，所以外頭再貼張標籤，任何人一看就知道東西放哪裡。

Use it!

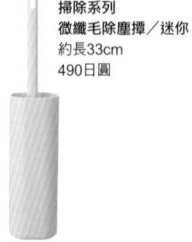

聚丙烯
小物收納盒／6層
約長11×寬24.5×高32cm
2,490日圓

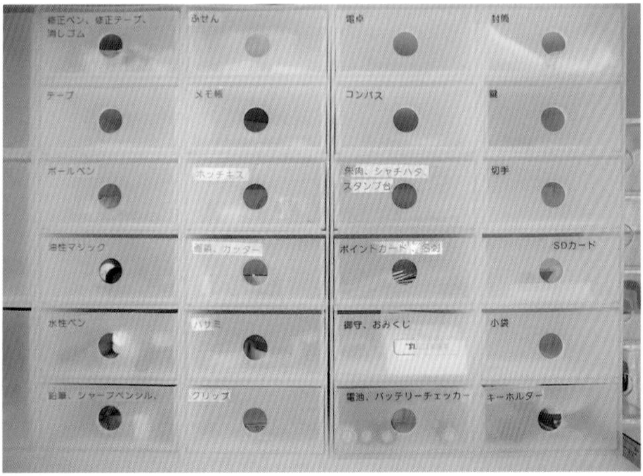

item 03

看一眼就知道時間的方便掛鐘

這款時鐘的鐘面模仿了車站和路上的時鐘，我喜歡它簡單又清楚的設計。

Use it!

車站時鐘
寬315×厚43×高225mm
6,990日圓

item 04

用簡約的文具營造素雅風格

無印良品的文具設計也很簡約，我工作上使用的資料夾、筆、修正帶，都是無印良品的產品。

Use it!

活頁資料夾
30孔／深灰A4
450日圓

植林木不易透色筆記本（橫線）
30頁／5冊入／5色B5
199日圓

修正帶／本體
約寬5mm×長10m
250日圓

自由換芯按壓滑順膠墨筆0.5mm
90日圓

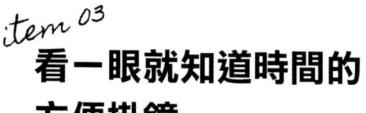

PP按壓螢光筆
120日圓

CASE.05 | 非極簡主義者fune

[家庭成員] 丈夫、大女兒、兒子、小女兒共一家5口
[家中格局] 4房2廳1廚房 獨棟

3個孩子的媽，為解決家人的懶散而持續摸索簡易生活模式，目標是把家裡變得像無印良品的店面。經常於部落格上分享無印良品的資訊，還有擠出個人時間的偷懶創意，以及輕鬆整理大量物品的收納技巧。也於其他網路媒體上撰寫文章。（https://www.muji-fune.com/）

費心規劃出全家大小容易使用、容易整理的環境

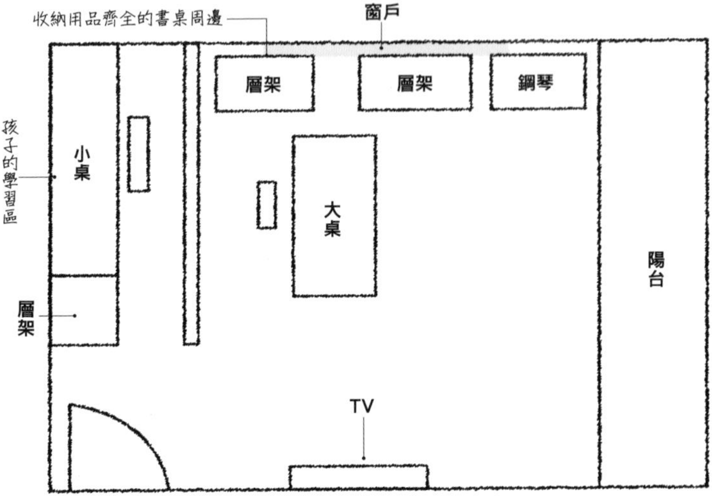

fune家裡的客廳有一張主要使用的大桌跟一張小桌，這兩張桌子原本是她個人的工作區，現在則變成全家人共用的區域。為了因應變化，她說：「因為我們家的人都很不擅長收拾，所以我收納時著重拿取方不方便，讓他們也能一目瞭然，輕鬆收拾。」

大桌背後就是牆壁，所以她參加線上課程或研討會時都會坐在這裡。「這張桌子附近沒什麼收納處，所以常用的東西我都集中放在腳下的檔案盒。」

至於小桌周邊則有較多收納容器，所以工作資料、家裡的文件、做家事時會用到的東西都統一保管在這裡。

「無印良品的商品顏色比較單純，房間看起來不容易亂，所以任何人都可以輕易達成俐落有致的收納。」fune說。她的工作區不僅顧及其他家人的方便，也兼顧展示的樂趣，處處是值得效仿的創意。

明確劃分

大小桌的用途

大桌占用的空間較寬廣，位置也放在看得到電視的地方。而小桌原本是孩子的書桌，現在我補充了收納用品，改造成工作區。

item 01

反正東西先丟進腳邊收納處

「聚丙烯檔案盒」的底部裝上滾輪，從大桌換到小桌工作時也便於移動。我還添購了「再生紙懸掛資料夾」搭配使用。

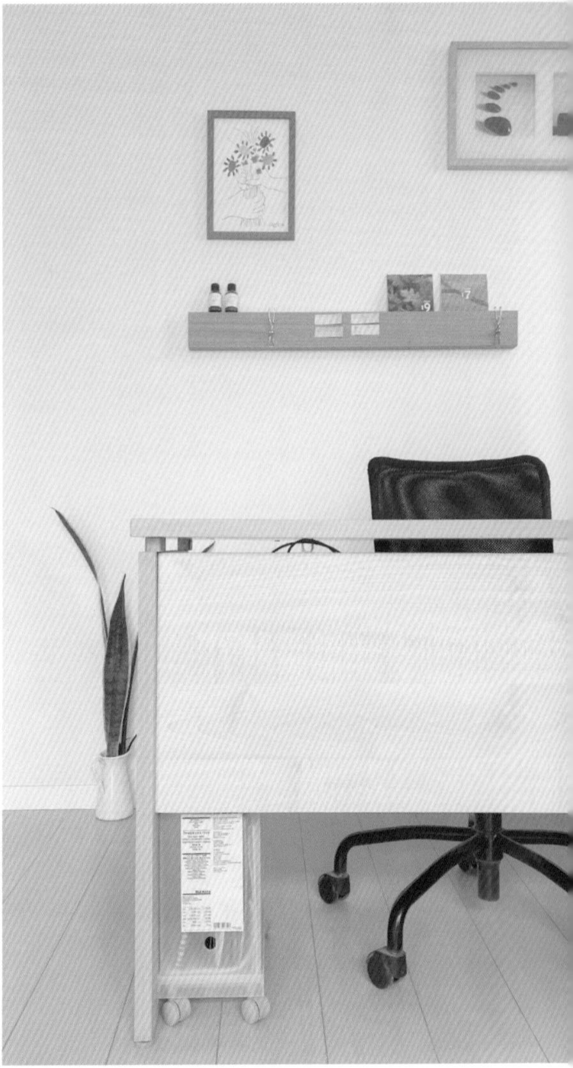

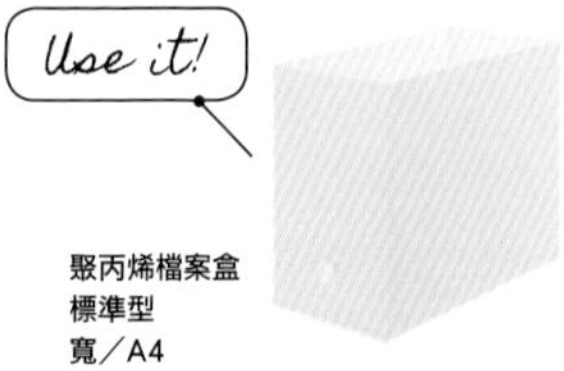

聚丙烯檔案盒
標準型
寬／A4
約寬15×深32×高24cm
690日圓

聚丙烯檔案盒用蓋
（可裝置輪子）
寬15cm用／透明
390日圓

PP組合箱用
輪子／4入
390日圓

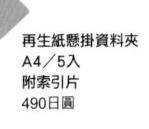

再生紙懸掛資料夾
A4／5入
附索引片
490日圓

item 02

方便的不鏽鋼絲夾 吊掛收納省空間

待處理的文件我會夾起來吊著，待辦事項也會寫在便利貼上貼起來，管理工作進度。不鏽鋼絲夾還可以用來夾住電線，避免滿地電線破壞客廳觀感，打掃也很輕鬆。

Use it!

壁掛家具／長押
88cm／橡木
寬88×深4×高9cm
2,000日圓

不鏽鋼絲夾
掛鉤式／4入／7A
約寬2×深5.5×
高9.5cm
390日圓

item 03

常用資料整理在一起

「聚丙烯檔案盒」材質堅實，我除了用來保管厚重的資料，也會收納各種雜物和美容用品。常用資料我則會用「壓克力間隔板」採取看得見的收納，以便需要時馬上拿取。

Use it!

聚丙烯立式
斜口檔案盒
A4／白灰
約寬10×深27.6×高31.8cm
490日圓

壓克力間隔板
3間隔
約133×210×
高160mm
1,190日圓

item 04

可以根據要放的東西自行組合收納櫃

抽屜式收納盒的尺寸多元，我買了5個疊成收納櫃，把零星的資訊設備、電腦手機周邊、文具、裁縫用具全部收在這裡。還可以因應放置場所的高度調整組合方式。

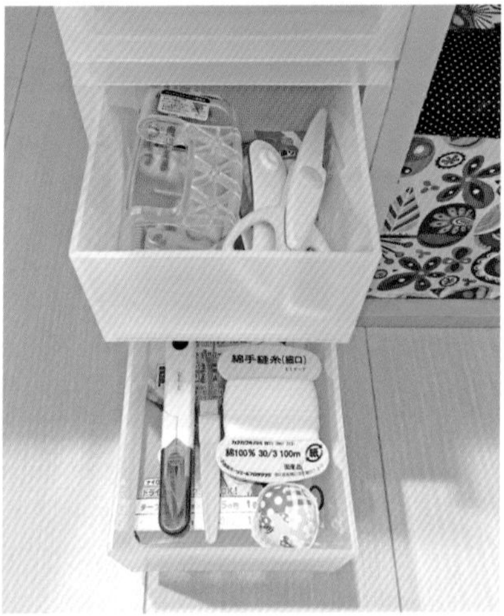

掃除系列
微纖毛除塵撢
伸縮型
約長34～78cm
990日圓

衣物用清潔滾輪
約寬6×深6×
高21cm
390日圓

Use it!

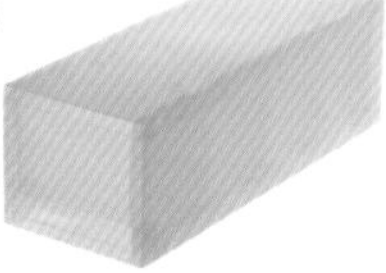

PP盒／淺型／窄
附隔板（正反疊）
約寬14×深37×高12cm
790日圓

item 05

牆上裝設收納家具 桌面頓時寬敞許多

我家小桌的縱深只有45cm，所以「壁掛家具」真的很管用。棚板上放的是防災用燈具，掛箱裡則收著光碟片，還有裝在罐子裡的隨身碟、記憶卡。

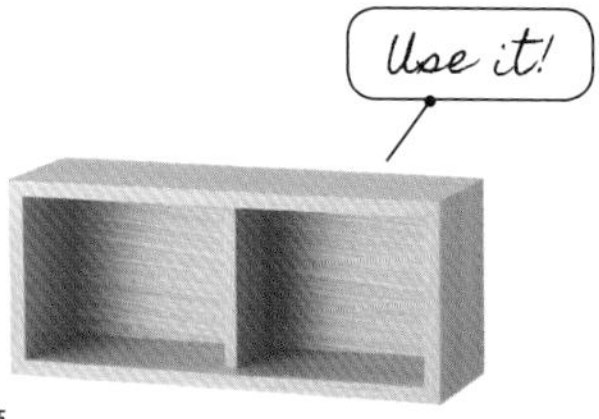

壁掛家具／箱
44cm／橡木
寬44×深15.5×高19cm
3,490日圓

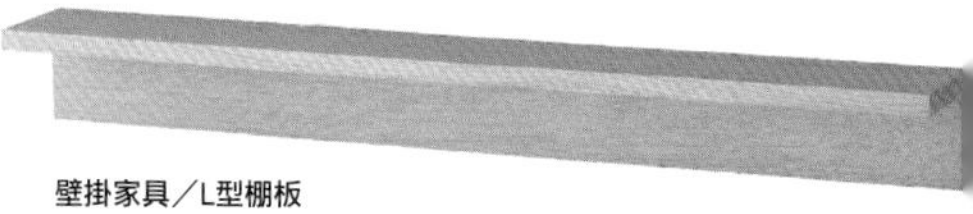

壁掛家具／L型棚板
88cm／橡木
寬88×深12×高10cm
3,490日圓

CASE.06 ｜ 能登屋英里

[家庭成員] 丈夫、女兒共一家3口
[家中格局] 1房2廳1廚房＋衣帽間（WIC）

住在自行設計的改建公寓裡。運用過去擔任服飾店面陳列設計師的經驗，從事視覺顧問、整理收納顧問等工作。提供住宅裝潢諮詢、整理收納服務，亦舉辦講座，也撰寫專欄文章。（Instagram：@eiriyyy_interior）

以訂做的工作桌為主角 創造可以集中精神的工作環境

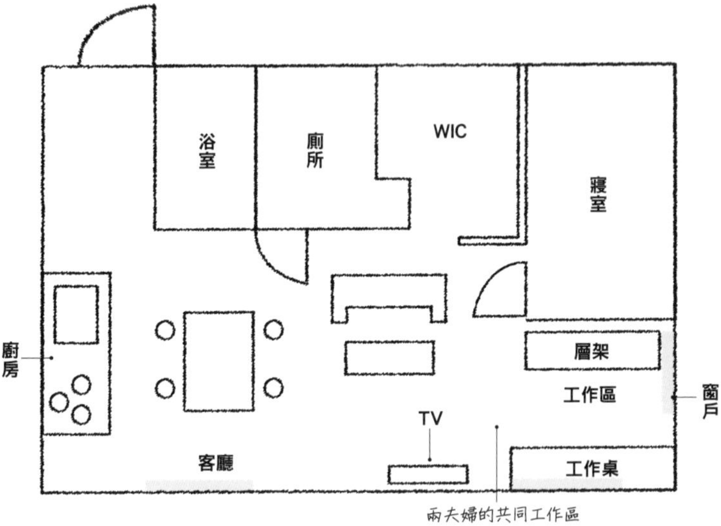

整理收納專家能登屋英里認為物品好拿好放只是收納的基本，還要講究如何收得漂亮。她發揮以往於服飾業設計店面陳列的經驗，規劃空間時特別注意「有沒有加入自己的『喜好』？這樣安排會不會心動？」

她本來就幾乎天天在家工作，後來先生也開始完全在家工作，她決定趁這個機會訂做兩張桌子、添購兩張新的工作椅，並於兩張桌子中間擺一個層架。她說：「層架除了用來收納，也可以稍微區隔我和先生的工作環境，讓彼此都能專心工作。」

她喜歡造型簡練的東西，也表示：「無印良品的產品色調素雅，可以融入生活環境，看起來很舒適。」統一使用無印良品的產品，收納用品就能和收納家具完美配合，不會浪費空間。她從事整理收納顧問的工作時，也經常推薦客戶使用無印良品的東西。專家的收納技巧與選擇的用品，都有值得參考的地方。

收納家具＆收納用品皆來自無印良品

我們夫婦的共同工作空間是走現代感風格。無印良品的收納家具＆用品三項全能，不但可以充分運用空間，減少回想和翻找東西的時間，而且又好看，搭配訂做的桌子使用也不突兀。

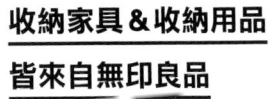

item 01

收納＆區隔一箭雙鵰

層架可以用來收納工作桌上常用到的線材、文具、文件，夾在兩張桌子之間也能發揮區隔空間的效果。

Use it!

自由組合層架／胡桃木
2層／基本組／7S
寬42×深28.5×
高81.5cm
13,900日圓

item 02

小東西統一收進盒內

容易這裡丟那裡放的文具和其他小東西專門用一個收納盒整理，需要時可以馬上取用。小張便條和橡皮擦收在有隔板的小物盒內，也可以避免弄不見。

Use it!

PP手提收納盒／寬／白灰
約寬15×深32×高8cm
990日圓

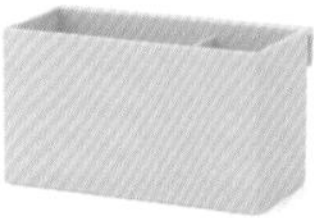

聚丙烯檔案盒用
（隔間小物盒）
約寬90×深40×高50mm
150日圓

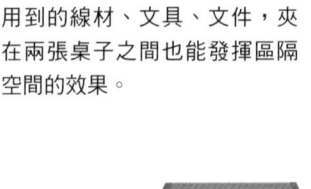

item 03

收多少東西 疊多少容器

筆記本、收據、計算機、小型機器全部收在薄型抽屜盒裡。坐在椅子上就可以輕鬆拿取，尺寸也跟層架完全吻合！

Use it!

PP資料盒／橫式
薄型／2個／白灰
約寬37×深26×高9cm
1,190日圓

item 04

檔案盒的用途 廣泛得超乎想像

我和先生的基本上都是無紙化工作，就算偶爾有紙張文件也都是暫時性的，所以我們不會把文件收進橫放的抽屜，而是放進直立的檔案盒，避免自己忘記。

Use it!

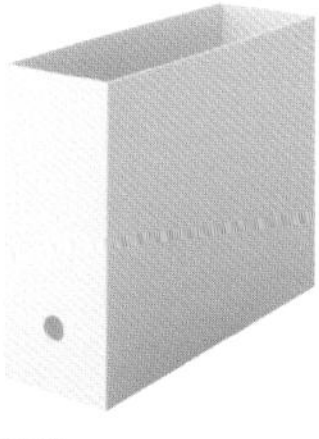

聚丙烯檔案盒
標準型／A4用／白灰
約寬10×深32×高24cm
490日圓

item 05

自由挪動
自由堆疊

設備線材和滑鼠這些器材動不動就會堆在桌上，所以我買了籐籃，工作結束後可以將這些東西收起來。小籐籃可以直接放在層架上，要拿去其他地方也很輕鬆。

Use it!

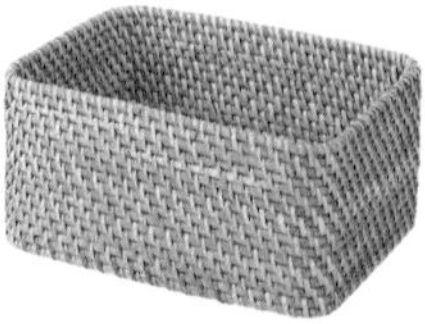

可堆疊藤編／長方盒／小
約寬26×深18×高12cm
1,890日圓

item 06

少數常用文具
採直立收放

壓克力筆架不易刮傷，可以擺在桌上收放使用頻率較高的文具。沒用到時還可以收回手提收納盒。

Use it!

壓克力筆架
約寬5.5×深4.5×高9cm
150日圓

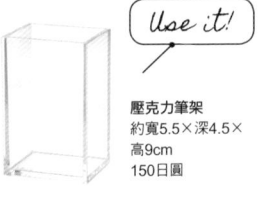

item 07

作筆記和記錄靈感不可或缺的用品

我用的是可以自行換裝喜愛筆芯的環保原子筆。雖然這本筆記本是我的日記本，但如果工作忙到腦袋快爆炸時，我也會寫寫東西整理思緒。

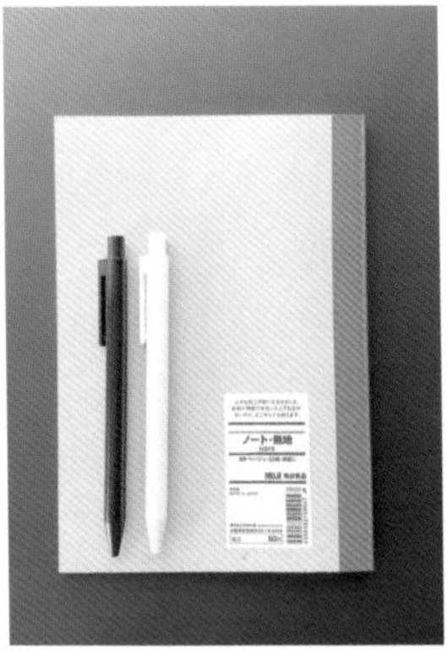

Use it!

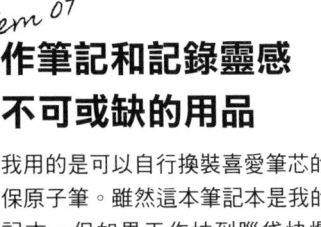

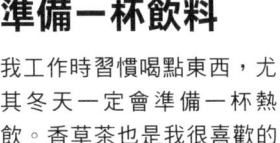

筆記本（空白）
線裝／米／30張 A5
80日圓

自由換芯
按壓筆管／白
30日圓

自由換芯
滑順膠墨筆芯
0.5mm
60日圓

Relax

item 08

我工作時一定會準備一杯飲料

我工作時習慣喝點東西，尤其冬天一定會準備一杯熱飲。香草茶也是我很喜歡的選擇。

Use it!

芬香茶袋茶
玫瑰果香橙皮茶包
15.3g（1.7g×9袋）
350日圓

CASE.07 | 麻里

[家庭成員] 一個人住
[家中格局] 套房（附廚房）

整理收納顧問2級證照講座專業講師，本身也是整理收納顧問。講課之餘，也於稅理士事務所兼差。從郊外透天搬到現在一個人住的房間之後，生活也轉換為都市型態。非常享受生活在套房裡的簡單生活。（Instagram：@a__l__e_）

在你一股腦兒扔東西之前 先想清楚自己想要的生活

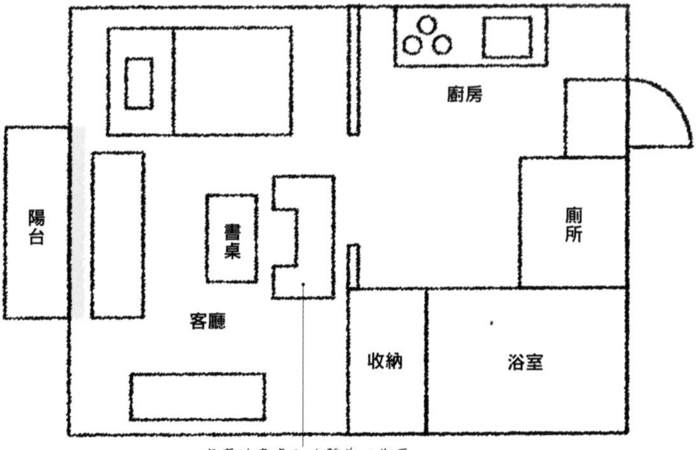

客廳的書桌和沙發為工作區

整理收納專家麻里住在一間有廚房的精緻小套房，無論工作還是日常生活都打理得妥妥貼貼。

她有個收納座右銘：不過度追求美觀，應選擇便利且省下東翻西找麻煩的方式。「我認為收納的重點是東西數量不要超過可收納的空間，這和房子大小或空間寬窄沒有關係。」她也給自己訂了規則，家裡的東西絕對不多於幾個無印良品櫥櫃和層架可容納的分量。

從寬敞的透天厝搬到都會裡小小的套房，她才發現「那些『或許以後會用到』的東西根本就沒地方放」。這也促使她比以前更加關心自己擁有的事物。

不過她也告訴我們：「不是說能丟的東西就儘管丟，重要的是想清楚自己想要怎麼樣的生活。」

麻里的空間規劃術讓我們知道，即使房間或收納空間小，工作與生活仍然可以擁有好品質。

由於生活空間小
物品數量不能超過收納上限

無印良品的簡約風家具、沙發、綠色植物、花紋編織物，實用中亦不失雅趣。即使東西少，我也不會忘了利用香氣和植物增添生活趣味。

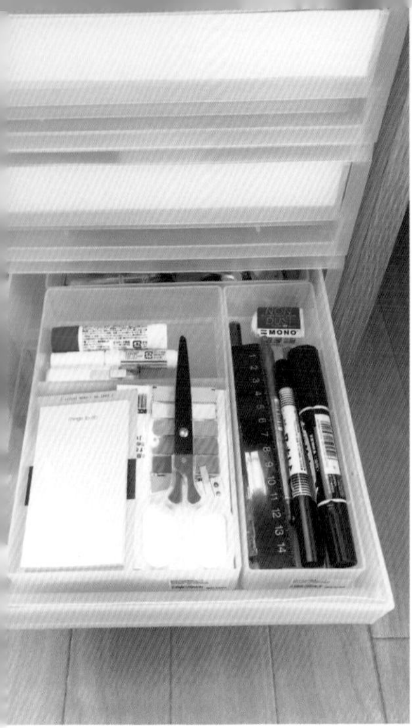

Use it!

PP盒／淺型
（正反疊）4A
約寬26×深37×高12cm
890日圓

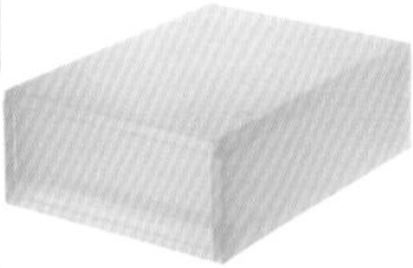

item 01

堆疊式4層收納盒 專門收放瑣碎物品

我的床邊用4個PP收納盒疊成收納櫃，裡面放了iPAD充電線、名片、文具。最底下那一層則專門用來放報稅時需要的單據，並按月份整理。

item 02

抽屜內空間 稍作整理 方便使用

抽屜裡面也用了很多整理盒。無印良品的整理盒有很多尺寸可以選擇，方便我依收納物品的大小調整空間劃分方式。

Use it!

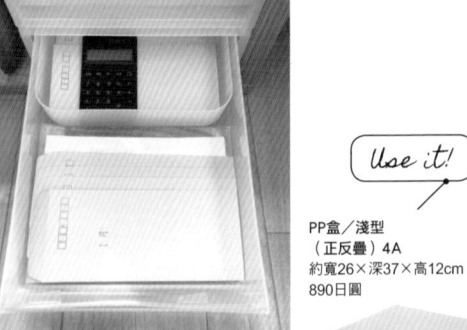

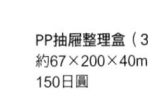

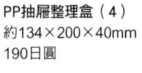

PP抽屜整理盒（4）
約134×200×40mm
190日圓

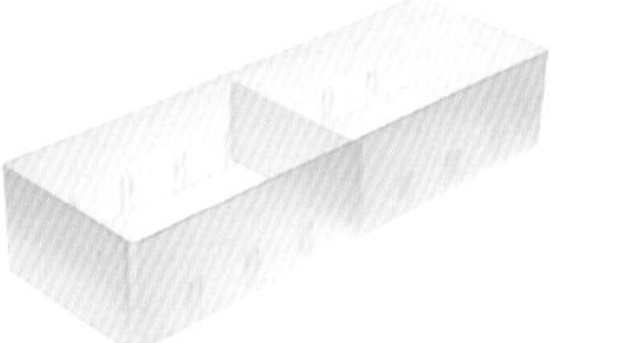

PP抽屜整理盒（3）
約67×200×40mm
150日圓

item 03

不同性質的工作文件分開來收納

Use it!

保管在櫥櫃裡面的資料，也會依工作性質分門別類。我會在透明檔案盒外貼上標籤，這樣一看就知道每個盒子裡裝什麼。

聚丙烯立式
斜口檔案盒／A4
約寬10×深27.6×高31.8cm
490日圓

item 04

藏起內容物融入房間裝潢

Use it!

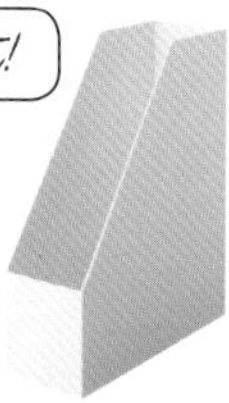

還沒用完的資料，我會放在櫥櫃上的檔案盒以便拿取。而且我會將檔案盒面對牆壁，藏住收納的東西。

聚丙烯立式
斜口檔案盒
A4／白灰
約寬10×深27.6×
高31.8cm
490日圓

Relax

item 05

工作中也別忘了來點香氛調劑身心

我覺得面紙盒到最後也是變成垃圾，所以用壓克力盒代替。至於精油的部分，我喜歡無印良品的「放鬆」和「薰衣草」之類療癒的香氣。

可堆疊壓克力盒
面紙用蓋
約寬24.6×深12cm
190日圓

Use it!

綜合精油
放鬆／10ml
1,490日圓

可堆疊壓克力盒／中
約寬25.2×深12.6×
高8cm
890日圓

item 06

小物類放抽屜 整齊又乾淨

兼具電視櫃功能的層架搭配組合用的抽屜，用來收納紙膠帶和我講課時穿戴的裝飾品。層架外貌和旁邊的櫥櫃風格相同，看起來也比較和諧。

Use it!

橡木組合收納櫃
抽屜／4段／8A
寬37×深28×
高37cm
5,990日圓

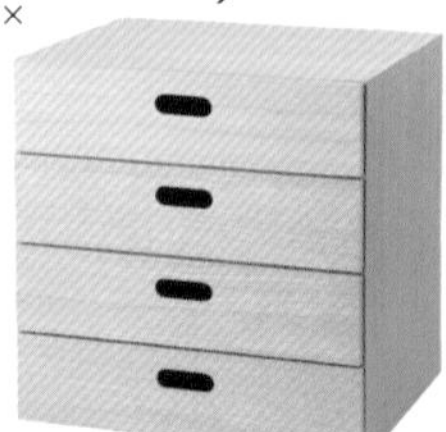

item 07
善用壓克力盒 採取看得見的收納

我堆了兩層可堆疊壓克力盒，用來收納飾品。裡面有我的手環、項鍊、髮飾。

Use it!

可堆疊壓克力抽屜盒
2層／大
約寬25.5×深17×
高9.5cm
2,190日圓

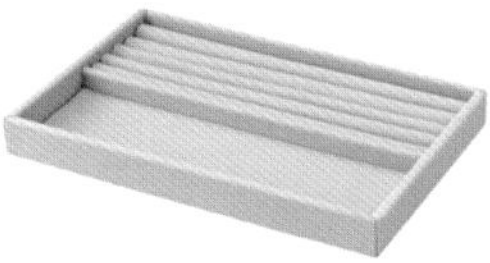

壓克力盒用灰絨內盒
大／戒指小物
約寬23.5×深15.5×
高2.5cm
990日圓

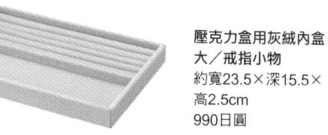

CASE.08 ｜ 森山尚美

［家庭成員］丈夫、兒子、女兒共一家4口
［家中格局］3房2廳1廚房

曾從事護士，後辭職步入家庭，現在則成為整理收納顧問，並於2012年創立品牌「SIMPLUS」。擅長壓縮物品數量，利用簡單收納打造清新宜人空間。創辦快樂人生整理課程與整理收納講座。（Instagram：@moriyamanaomi）

整理這項行為潛藏著改變人生的力量

「談到收拾、整理收納，我們總不自覺聚焦在收納技巧和收納物品上，但我認為在此之前應該先好好面對自己房間裡的『物品』。」森山尚美說。我們是否真的需要那些「物品」，它們對自己來說又有什麼意義，她認為收納應該要從檢視物品，捫心自問開始做起。

她以往經常在客廳桌上工作，但如今待在家時間比以前更長，所以她現在工作時也經常順便處理其他家事。「我將必要物品整理成一袋方便移動，這麼一來我無論是在工作區、客廳餐桌、臥室，家裡任何一處都能工作。」

不拘泥於整潔美觀或收納技巧，強調簡明和方便性，這就是森山流收納術。她認為盒子內部稍嫌雜亂也無妨。她與我們分享：「方便的做法才有動力堅持下去，常保房間整潔，生活清新。」

先面對物品和自己
之後再來談收納

我的信條是，先看清自己現階段真正需要的物品，才會知道需要什麼用品和怎麼收納。東西不多的話，自然不需要太複雜的收納技巧。

item 01

常用的包包
於一旁吊掛收納

準備一個方便的掛鉤，無論在哪工作都能將包包掛在一旁。尤其要邊做家事邊工作時，包包裡就得裝很多必要的東西，所以這款掛鉤真的是我的一大收納法寶。

Use it!

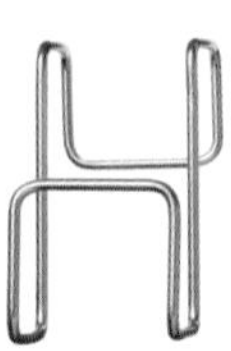

不鏽鋼掛鉤／門用／7A
約寬3.5×深6×高6cm
190日圓

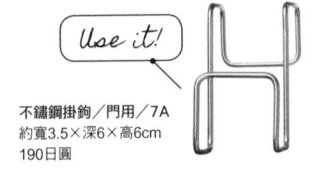

item 02

搬運箱既能收納又能調整高度

視訊會議或上課時，我會用搬運箱墊高電腦。箱裡面平常收著線材和手機架、耳機麥克風等視訊時會用到的器材。

Use it!

PP搬運箱附扣／小
約寬25.5×深37×高16.5cm
890日圓

Relax

item 03

家中常備多種香草茶

工作空檔想轉換心情時，我會泡杯香草茶來喝。無印良品有許多不同的香草茶茶包，想喝什麼馬上泡。底下那張不易滑動的杯墊也是我的愛。

Use it!

印度棉手織杯墊
約寬10×深10cm
190日圓

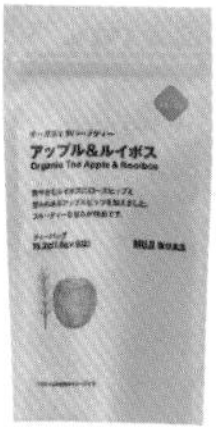

芬香茶袋茶
蘋果＆博士茶
16.2g（1.8g×9包）
390日圓

item 04

檔案盒裝進手提籃 好用度再升級

工作文件、筆記型電腦用完後，我會收進手提籃。手提籃的好處是可以輕鬆拎著移動到家中各處，裡面再放個檔案盒，還能避免文件倒下來。

Use it!

附把手帆布長方形籃
窄／大
約寬37×深18.5×高26cm
1,890日圓

聚丙烯檔案盒
標準型／1/2
約寬10×深32×高12cm
350日圓

item 05

自己站得穩的化妝包
用來整理零星文件

我用的化妝包是舊款式，但一樣可以立著放，適合用來分類繁瑣的文件。我是用來裝存摺、護照、印章、卡費、電費和瓦斯費帳單的明細。

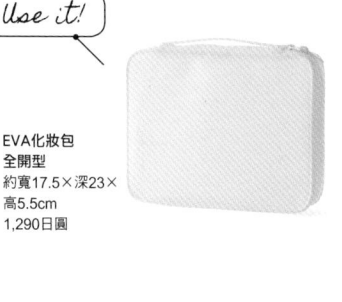

Use it!

EVA化妝包
全開型
約寬17.5×深23×高5.5cm
1,290日圓

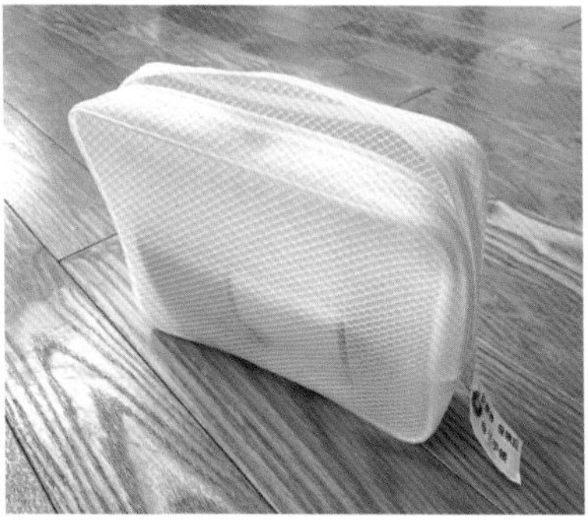

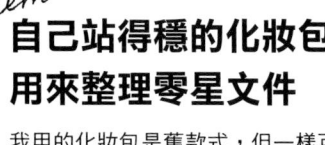

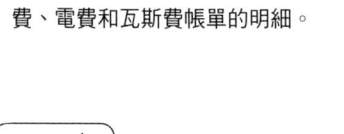

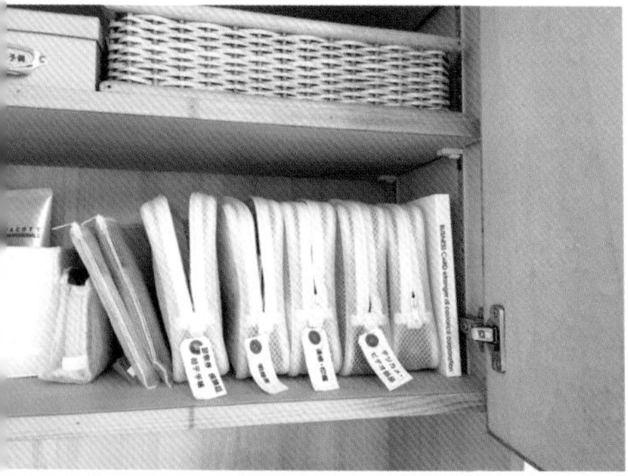

CASE.09 ｜ 潘熊

［家庭成員］和丈夫2人同住
［家中格局］3房2廳1廚房

喜歡無印良品、IKEA乃至於百元商店裡各種收納物品的裝潢部落客。經營部落格「SPOON HOME」，專門介紹北歐餐具、收納創意、精緻廚房雜貨等「提升居家時光樂趣的物品和點子」。（https://www.spoonhome.com）

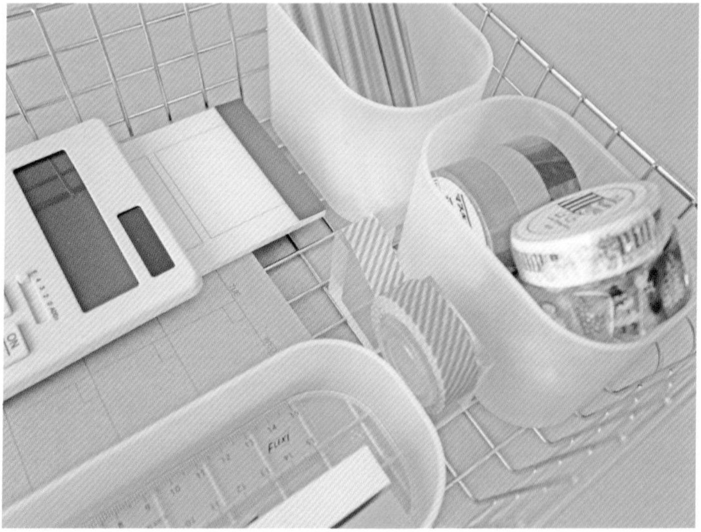

收納不要塞太滿 直立式收納更便利

潘熊對收納物品滿懷愛意，她的收納技巧是將常用的東西和不常用的東西分類保管。常用的東西，她在收納時會優先考量拿取便利性。「無印良品的收納用品規格固定，彼此容易搭配使用。加上產品設計簡單，即使和其他牌子的東西擺在一起也不突兀，所以我很喜歡他們的商品。」

東西不要塞太滿也是潘熊流收納哲學。收納時留點空檔可以維持好看的外觀，東西也更好拿。除此之外，她還非常善用直立式收納：「為了在處理電腦工作時也方便用手機或平板電腦，我用了很多小物架收納。」而壁櫥和衣櫃裡的收納盒外蓋上還貼了內容物的照片，一眼就可以看出裡面裝了什麼東西。

同樣的收納用品，花點心思增加便利性，就能創造更舒適的生活。

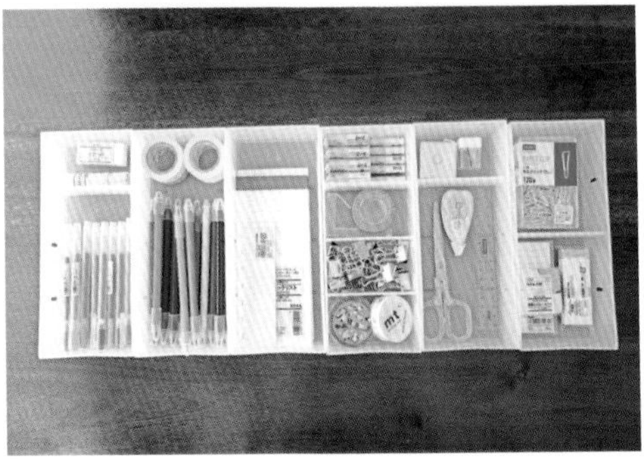

item 01

直立收納清新 橫躺收納安定

可以分類保管文具，半透明的款式也給人一種清新感。可以配合收納場所採直立或橫躺收納。每層抽屜也附一張隔板，方便我們自己區隔空間。

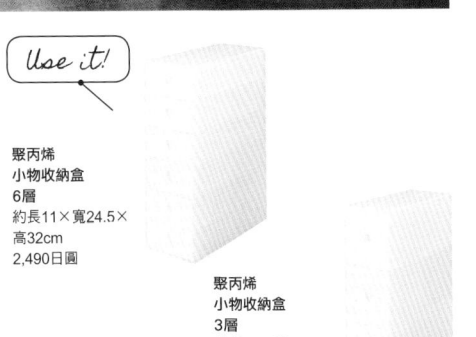

Use it!

聚丙烯
小物收納盒
6層
約長11×寬24.5×高32cm
2,490日圓

聚丙烯
小物收納盒
3層
約長11×寬24.5×高32cm
1,990日圓

item 02

內容物看透透 輕鬆拉開取物

抽屜式的小物收納盒可立可躺，我是來收納文具，不過放眼鏡或手錶也很方便。而且抽屜正面有個小洞，一根手指就能輕鬆拉開。

Use it!

壓克力眼鏡小物收納架／4層
約寬6.7×深17.5×高25cm
2,490日圓

item 03

看一眼就能找到 需要的資料

無印良品的檔案盒非常便於保管文件。再生紙懸掛資料夾搭配附贈的索引片，所需資料放在哪裡一清二楚。

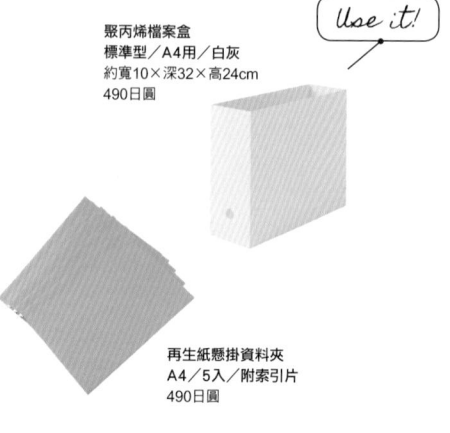

Use it!

聚丙烯檔案盒
標準型／A4用／白灰
約寬10×深32×高24cm
490日圓

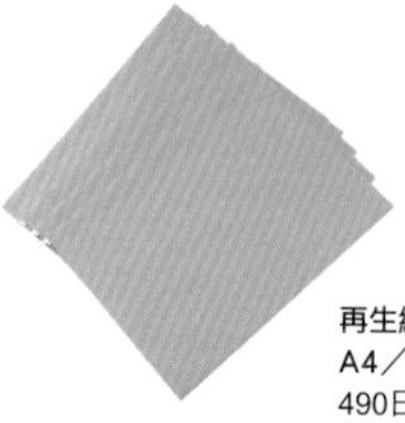

再生紙懸掛資料夾
A4／5入／附索引片
490日圓

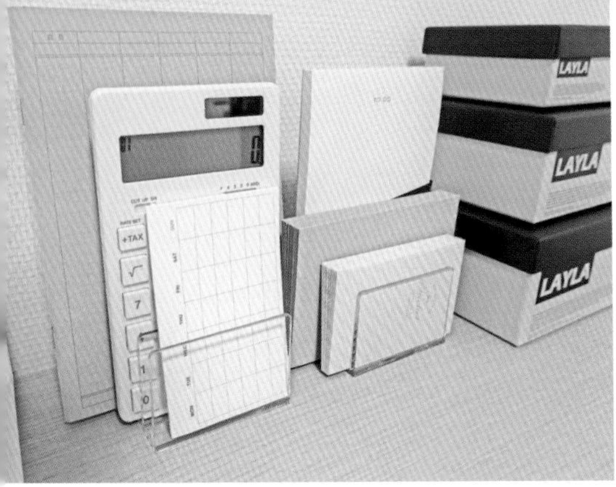

item 04

直立收納可以清出更多桌面空間

站不起來的東西也能採直立收納，讓桌面看起來更乾淨。手機、iPad mini、計算機還有書、記事本、便條紙都可以直放收納。

Use it!

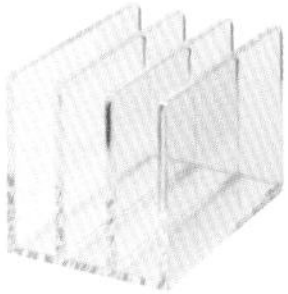

可堆疊壓克力盒
桌上型／間隔板
約寬5.8×深8.4×
高5.7cm
250日圓

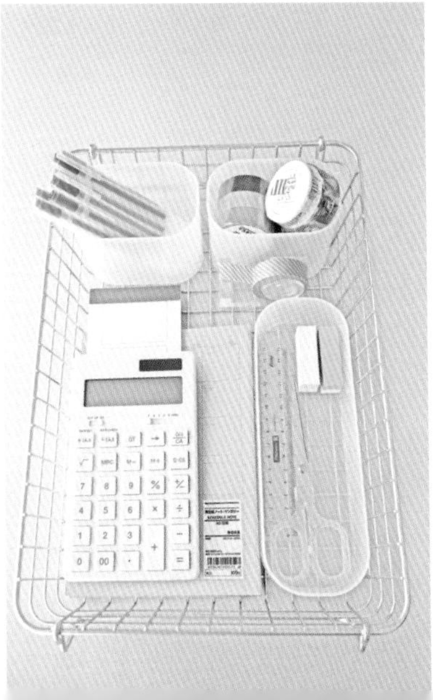

item 05

用籃子收納時也不要塞太滿

我用化妝盒分割籃子的空間，並規定好每個東西收納的位置。收納文具時不要塞滿整個化妝盒，留下適度的空間。如此一來不僅看起來整潔，拿東西時也不會卡住。

Use it!

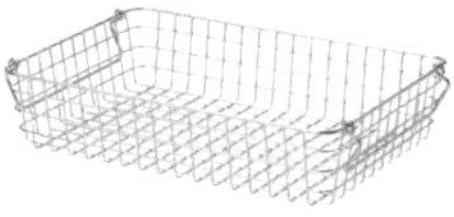

18-8不鏽鋼收納籃2
約寬37×深26×
高8cm
1,990日圓

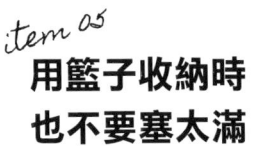

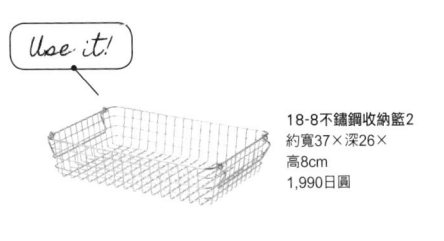

CASE.10 ｜ 無印大叔

［家庭成員］一個人住
［家中格局］近3坪套房附廚房

喜愛簡約設計與收納方式的無印良品愛好者。雖然生活空間狹小，不過仍在收納與家具上費心，努力打造舒適的房間。Instagram上分享了他的房間布置創意與無印良品生活（Instagram：@mujioji3）。

家具配置重視留白 擺設療癒小物增加舒適度

無印大叔非常注重留白，房間內所有東西也盡量統一顏色。「不要買用不到的東西，盡可能減少整理收納的需求，多出來的空間則用開放式收納裝飾自己喜歡的小東西。」他的房間的確相當乾淨愜意。

在家工作的時間變多，他也曾考慮添購桌子提升工作環境的舒適度。不過無印良品的桌子比他理想中的尺寸還大，要放在自己住的小房間裡有些困難。後來他決定利用SUS不鏽鋼收納系列自行組裝需要的桌子。「我改變了原先的家具配置，清出足夠的空間放書桌。用SUS組裝桌子的人似乎比我想像中的還要少，不過這種方式完全符合小房間的需求，我很滿意。」

他還在書桌周圍擺了砧板架等廚房用品，打理出更適合自己的環境。無印大叔向世人證明，即使生活在不到3坪的小套房，也可以明確區隔生活與工作的空間。

item 01

用系列產品的零件組裝出工作桌

桌子深41cm、寬84cm，這個大小非常適合將近3坪的小房間。我也用調整高度的工具調整成和摺疊桌幾乎一樣的高度。簡約又時尚的設計，讓我工作起來也更有效率。

Use it!

SUS層板高度調整金具
不鏽鋼系列用
4入
990日圓

SUS追加用側片
不鏽鋼／小／2S
高83cm用
3,490日圓×2

SUS側片補強零件
不鏽鋼／寬84cm用
2,490日圓×2

SUS交叉桿
不鏽鋼／84／大
寬84cm用
1,490日圓

SUS追加棚／橡木
寬84cm用
3,590日圓

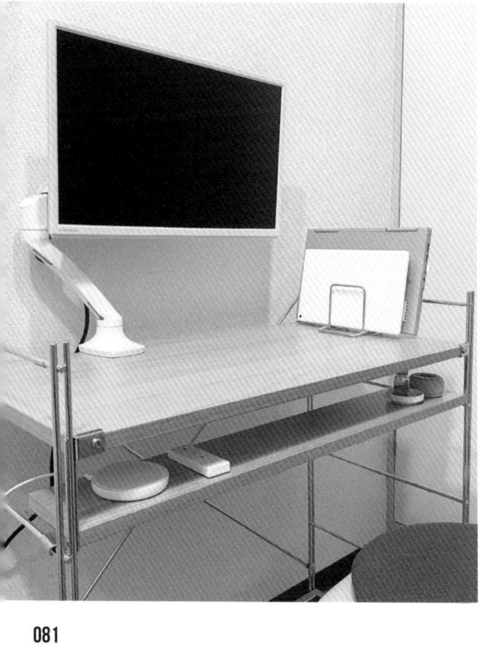

item 02

加裝小物放置板還有看得見的收納

我也很喜歡追加小棚，它可以組裝在item 01的書桌上任一處喜歡的位置。只要更改裝設位置，也能自由改變工作環境。

Use it!

SUS追加小棚／橡木
寬84cm用／深12cm
2,490日圓

item 03

廚房用品也能
在桌上大放異彩

我用砧板架收納電腦和平板電腦。因為我住的地方空間有限，直立式收納比較能有效利用空間。砧板架2邊的寬度不一樣，可以配合不同機種選擇適當的收納方式。

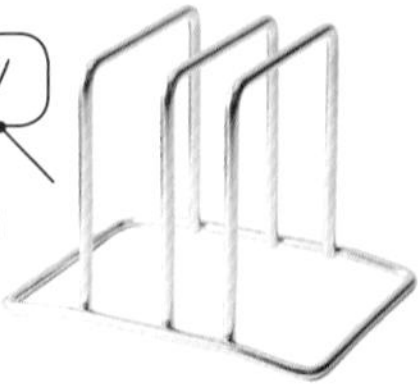

不鏽鋼砧板架／兩用
約寬10×深13.5×
高10cm
690日圓

item 05

雜誌和電腦都
收得剛剛好

便宜卻堅固的聚苯乙烯分隔板，適合用作書擋和PC收納架。而且因為造型簡單，擺在桌上也不會奇怪。

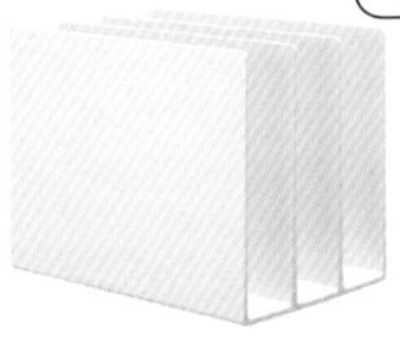

聚苯乙烯分隔板
白灰／3分隔／
小
約210×135×
160mm
690日圓

item 04

搬動與整理文件
變得更輕鬆

有把手的檔案盒方便移動，裡面的隔板也有助於我分類文件。我還買了專用蓋並裝上輪子，這麼一來就算放在地上也很好移動，打掃時不會影響。

聚丙烯附手把檔案盒
標準型／白灰
約寬10×深32×
高28.5cm
990日圓

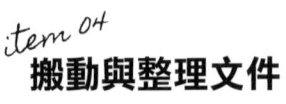

item 06

邊緣較高的托盤用起來更方便

壁掛家具系列可以輕鬆裝設在石膏板牆壁上，當作小小的裝飾架。視野中如果有觀賞植物，不僅可以提高注意力，還能療癒身心。

Use it!

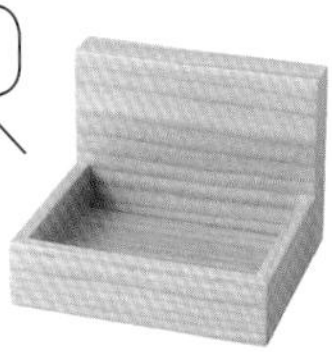

壁掛家具
小托盤／橡木
寬11×深10×高8cm
1,290日圓

item 07

抽屜整理盒內放糖果餅乾

這款整理盒的優點是可以配合零嘴大小改變區隔方式。而且盒子本身不大，適合放在桌子邊緣，肚子有點餓或休息時可以隨手拿一包來吃。

Use it!

PP抽屜整理盒（1）
約100×100×40mm
120日圓

Relax

item 08

滴點喜歡的香氣放鬆心神

芬香石擺在桌上，就能隨時創造令人放鬆或增進注意力的個人空間。精油的空瓶也可以回收利用，拿來裝飾植物。

Use it!

芬香石
附盤 灰
690日圓

CASE.11 | Amy's Life

［家庭成員］丈夫、女兒共一家3口
［家中格局］不公開

經營YouTube頻道「Amy's Life」，提倡優雅又實用的生活風格。分享許多真心覺得很棒的事物，包含生活實用資訊、別緻裝潢要訣，還有收納小技巧。另一個專門上傳穿搭主題影片的頻道「Amy」也十分有人氣。

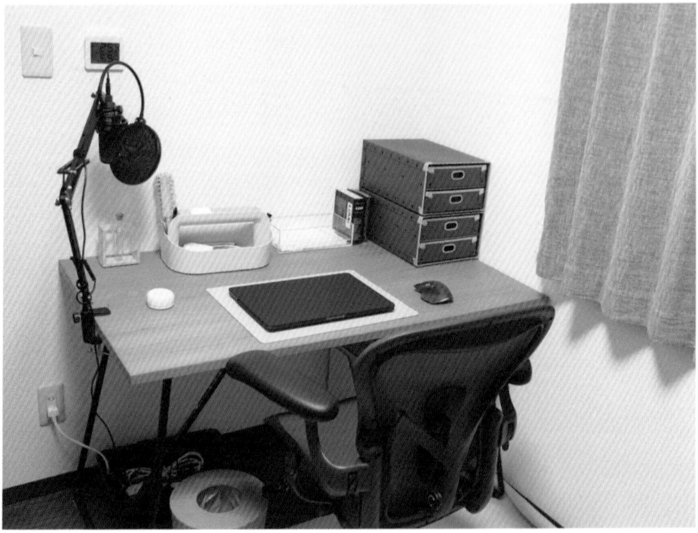

美麗的外觀可以增進做事效率

A Amy's Life的工作區利用優雅的收納選擇，消除生活的雜亂感。

她的理念是「不過度的收納」和「營造安穩的空間」。她認為如果為了收納而收納，卻讓自己不方便做事反而是捨本逐末。所以她表示：「看得見的地方要維持整潔，看不見的地方則強調拿取方便性和實用性」。

她說任何一點紛亂都會影響空間待起來的舒適度，減損注意力和工作效率，因此她的收納方法也很注重美觀與否。「我非常喜歡設計簡約，品質又好的無印良品。簡約的設計容易搭配各種樣式的房間，就算未來裝潢喜好或生活模式改變，無印良品的產品也可以繼續陪伴我。」

Amy's Life經常於YouTube上分享自己如何規劃生活空間和工作區，因此深知如何打造出讓人看了覺得漂亮的空間。房間統一採取木質調或單色調風格，似乎也有助於提升專注力呢。

item 01

以工作區來說 大小恰到好處

這是我平常剪影片時使用的工作桌，我喜歡這個黑色的桌腳，風格很洗鍊。即使生活模式改變，也可以將這張桌子摺疊起來保管，或是移去當作餐桌。

Use it!

可摺疊桌／橡木
120cm／8A
寬120×深70×高72cm
19,900日圓

item 02

造型素雅 輕薄硬挺

我將2個硬質紙箱收納盒疊在一起，用來收納文具和相機配件。黑色色調與機能設計，讓工作桌顯得簡潔有力。

Use it!

硬質紙箱／
抽屜／2段
約寬25.5×深36×高16cm
2,590日圓

item 03

垃圾桶的貼心設計 隱藏生活雜亂感

這款垃圾桶棒的地方在於裡面有附掛垃圾袋用的鐵絲，所以垃圾袋邊緣不會露出來。在黑白色調為主的空間裡加入一點木質調的東西，可以增添溫馨的氣氛。

Use it!

橡木垃圾桶用蓋
圓形
890日圓

橡木垃圾桶
附框架／圓形
2,990日圓

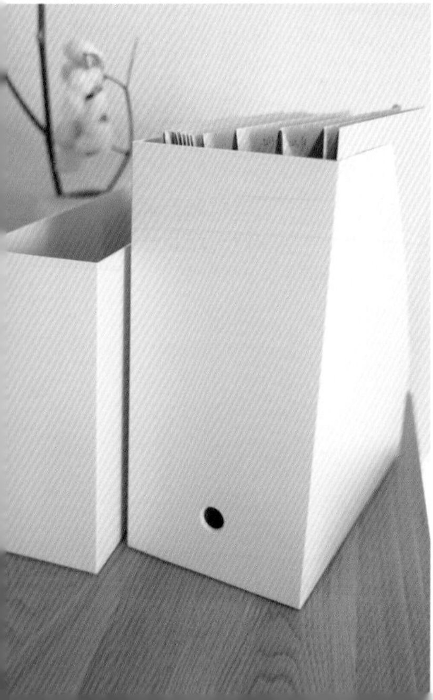

item 04

隨手丟也不會造成壓力 可以維持習慣的收納

單據和文件亂放一定會變得亂七八糟。直接丟進檔案盒不僅看起來整齊，也可以省下每次整理的麻煩。聚丙烯材質堅固，就算放入較重的文件也不會壓歪。

Use it!

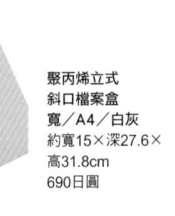

聚丙烯立式
斜口檔案盒
寬／A4／白灰
約寬15×深27.6×高31.8cm
690日圓

item 05

方便調整的可動式隔板

抽屜裡放個整理盒，拿東西時也比較方便。整理盒裡面的隔板為可動式，若有需要還可以添購。整理盒乍看之下很平凡，卻是非常難得的收納好物。

Use it!

PP抽屜整理盒（4）
約134×200×40mm
190日圓

Relax

芬香石
附盤　白
690日圓

item 06

隨時都能輕鬆享受舒適香氣

只要滴上幾滴精油，桌子周圍就會充滿香氣。芬香石不必加水、不用電，所以也不需要麻煩的保養。雖然擴香範圍有限，不過只要自己身邊瀰漫著香氣就夠了。

item 07

職人手織地墊營造舒適空間

天然材質地墊不但具備一分溫情，也可以避免椅子刮傷地板。地墊本身不厚，所以我會配合使用空間摺起邊緣，調整大小。

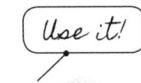

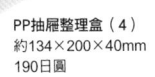

Use it!

印度棉手織柔舒地墊／米色
100×140cm
4,500日圓

CASE.12 | camiu.5

Camiu.5

［家庭成員］丈夫、3個女兒共一家5口
［家中格局］3房2廳1廚房

忙著照顧3個娃的家庭主婦。雖然因為孩子正在成長，家裡東西難免愈來愈多，不過她還是努力打造俐落簡約的生活。她經常於Instagram上分享自己如何用無印良品的產品進行收納，也公開打掃方法的巧思、家計簿的寫法等等，真實不做作的生活資訊博得好評。（Instagram：@camiu.5）

全家大小都要知道什麼東西擺在哪裡

camiu.5總是想辦法讓生活過得更單純明瞭，所以在整理收納時特別注意「如何讓全家人都知道東西在哪裡，並且用完之後可以自然而然放回去」。不僅辦公用品如此，生活用品也一定會收在抽屜盒裡；至於孩子的玩具、DVD、書本則全部丟進收納盒，培養家人維持清新收納的習慣。

她覺得無印良品的抽屜盒和收納盒和其他品牌比起來特別好用。「我喜歡這種簡單不多餘的設計，添購的新品也可以和舊品和睦相處。」camiu.5說。

因為疫情延燒，她也用無印良品的產品，替孩子在家裡規劃一個新的讀書區。乾淨清爽的讀書區沒有任何多餘的物品，她自己有時候也會跑到那裡處理工作。

camiu.5的家裡主要用無印良品的白色收納用品統一色調，減少造成工作和讀書分心的可能。

清楚看，容易懂
輕鬆拿的收納法

客廳的書桌主要是孩子念書的地方，不過我也會在這裡記錄家庭收支，或處理一些小事。這邊全都是無印良品的收納用品，所以觀感上也很整齊劃一。

item 01

資料和辦公用品
收在櫥櫃裡

工作用的資料和用具，還有收錄我採訪內容的書都放在抽屜盒或檔案盒裡。收在櫥櫃裡，看起來就不會亂七八糟，而且就算在人前打開也不必遮遮掩掩的。

Use it!

聚丙烯小物收納盒／6層
約長11×24.5×32cm
2,490日圓

PP盒／深型／2格
附隔板（正反疊）
約寬26×奧37×高17.5cm
1,490日圓

item 02

少用的東西放上層
常用的東西放下層

因興趣蒐集的DVD和平常不會用到的文件放在上層，至於文具和小孩子的玩具則放在櫃子下層。我喜歡檔案盒方便拿取的設計，外觀也很清爽。

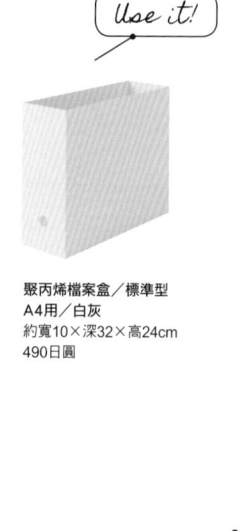

Use it!

聚丙烯檔案盒／標準型
A4用／白灰
約寬10×深32×高24cm
490日圓

item 03
附輪收納架
最適合客廳讀書區

客廳的書桌旁邊，我用PP收納架疊成收納櫃。櫃子底下裝上輪子，方便孩子在念書時移動，而且也更方便用平板電腦進行學習。

PP收納架
深大型／9A
寬37×深26×高26cm
990日圓

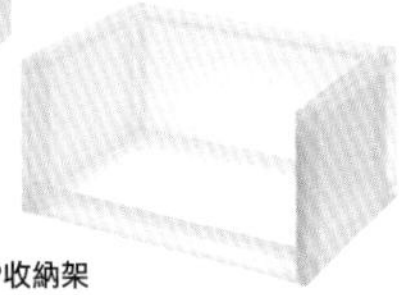

PP收納架
深型／9A
寬37×深26×高17.5cm
790日圓

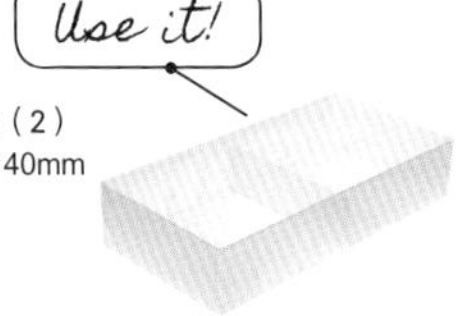

PP抽屜整理盒（2）
約100×200×40mm
150日圓

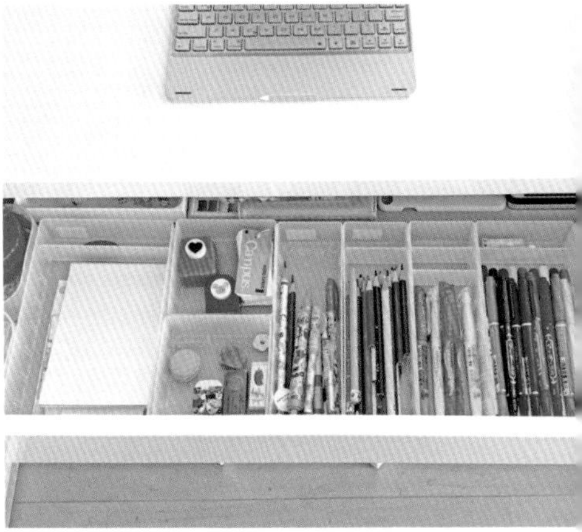

item 04
抽屜裡面再用
整理盒分門別類

書桌抽屜裡面放了鉛筆、螢光筆、橡皮擦、便條紙等全家人都會用到的東西。用盒子細分類別，一打開抽屜就能看出哪裡有什麼東西。

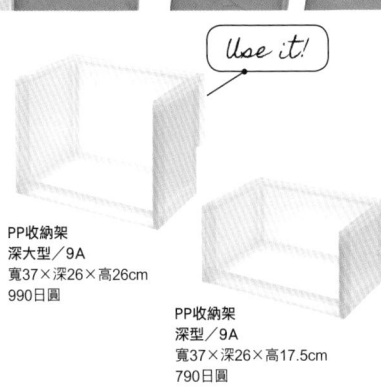

CASE.13 | fumi

［家庭成員］丈夫、兒子共一家3口
［家中格局］4房2廳1廚房

IG人氣網紅。喜歡待在家裡。當初購買房子時並沒有想太多，不過現在很享受將家裡一點一滴改造成理想空間的樂趣。目前的家居用品以3歲兒子的活動為準。興趣是手工藝，常常自己縫紉包包和孩子在幼兒園會用到的物品。（Instagram：@__fumi__）

實用性與裝潢美兼具的房間規劃

收納用品其實意外地耐用，每一個買了都可以用很久。fumi告訴我們：「我會避免容易長蟲的紙類材質，也盡可能不用容易積灰塵的籃子。因為家裡有小孩子，所以我比較偏好使用髒了可以整個清洗的塑膠製產品。」

對fumi來說，無印良品是生活中不可或缺的收納好幫手。她說：「無印良品的產品規格不會輕易更動，即使幾年後需要添購一樣的東西，也不用擔心尺寸不符，可以安心長久使用。」

因為現在待在家的時間比以前多了許多，她也將自己的房間重新裝潢成一座專門從事興趣的縫紉間。她盡量統一使用無印良品設計簡單，卻也具有溫度的木頭色家具，並表示花了點巧思規劃空間，即使縫紉機擺出來依然可以維持寬敞的感覺。fumi的房間，兼具了機能性與裝潢美。

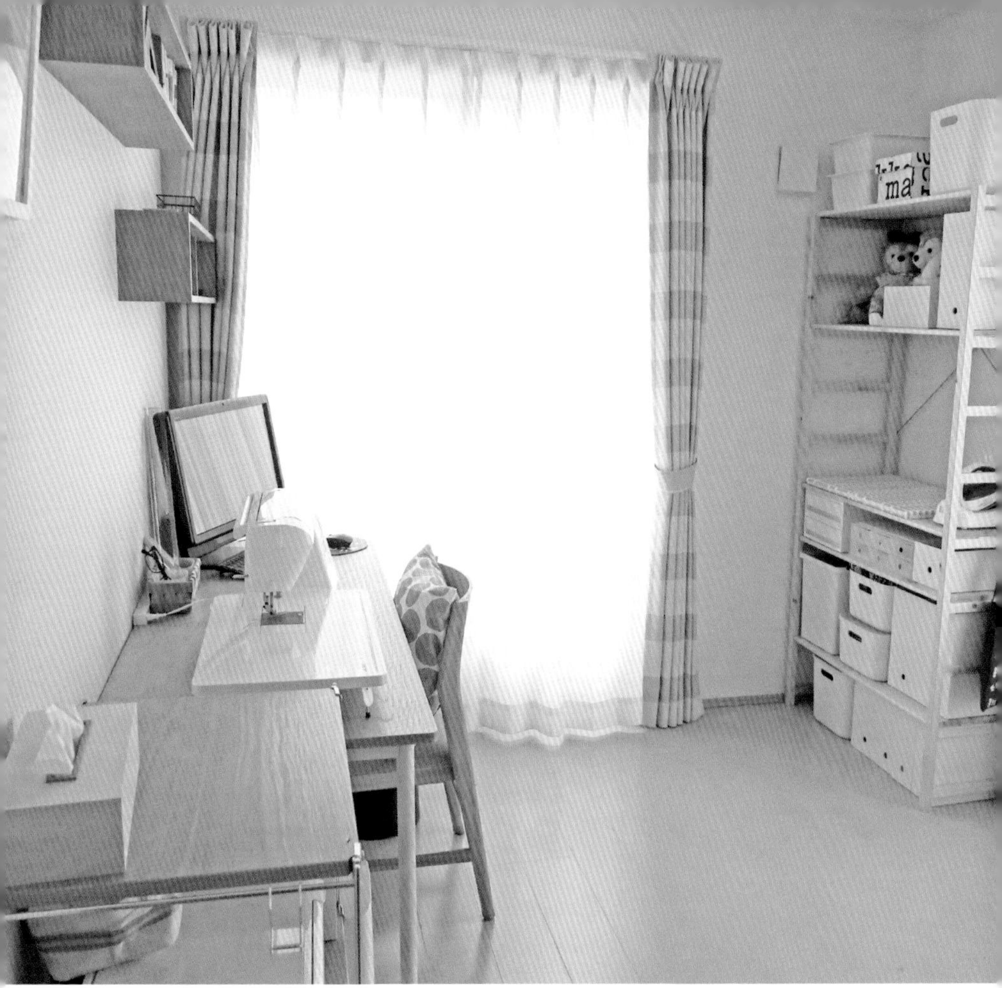

白色＆木頭色家具
東西多也不會顯得侷促

我規劃了一個為興趣而生的縫紉間，裡面有電腦、縫紉機、印表機等各式各樣的器材。不過只要統一使用白色和木頭色的家具，房間一樣可以很清新。

item 01

重物放上平台車 移動輕鬆最省力

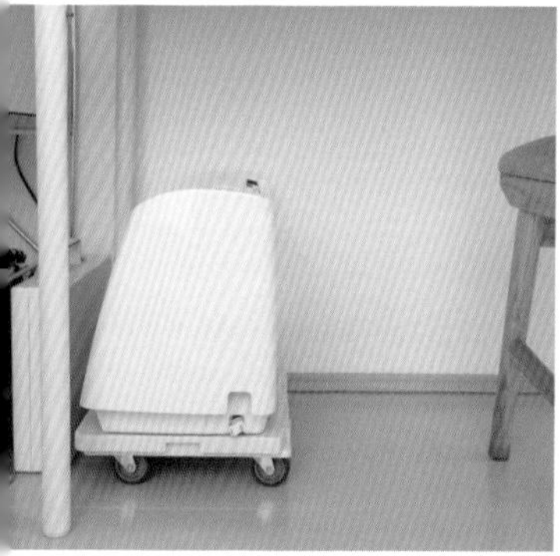

縫紉機沒用到時會收在桌子底下的平台車上。多虧有這座平台車，讓我移動這台笨重的縫紉機時輕鬆了不少。我常用的手工藝用品會放在手提文件包裡，這樣既能好好把東西收起來，要移動時也很方便。

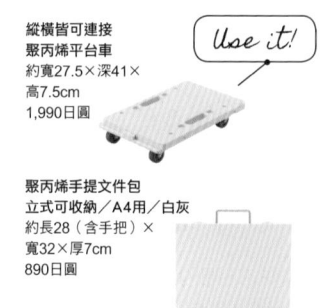

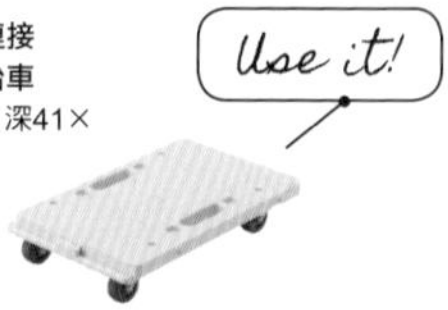

縱橫皆可連接
聚丙烯平台車
約寬27.5×深41×高7.5cm
1,990日圓

聚丙烯手提文件包
立式可收納／A4用／白灰
約長28（含手把）×寬32×厚7cm
890日圓

item 02

輕鬆裝設的壁掛架 還能變成時髦裝潢

「壁掛家具」系列也是我喜愛的無印良品家具之一，每一項產品都能輕鬆安裝在石膏板牆上。我喜歡看書，這個架子就很適合用來收納我買的小本書。

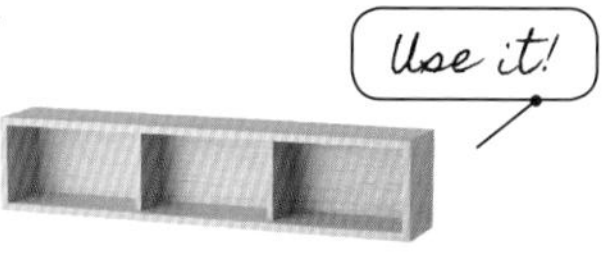

壁掛家具／箱
88cm／橡木
寬88×深15.5×高19cm
5,490日圓

item 03

可依適合高度調整 還能當作工作檯

我的手工藝用品都收在深度、寬度適切的「松木組合架」，這種剛剛好的感覺很令人開心。這款組合架的棚板高度可以自行調整，所以我也會用來當熨斗台。

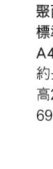

Use it!

松木組合架
86cm寬／大
寬86×深39.5×高175.5cm
14,900日圓

item 04

即便收納盒 造型各異 只要顏色統一 同樣有整體感

層架下層的收納盒裡放了我的手工藝用品。容易拿取的軟質聚乙烯收納盒裡放了布，檔案盒放資料，而抽屜式PP盒放文具，至於6層小物收納盒則放了緞帶、拉鍊等材料。雖然我用了很多不同造型的收納盒，不過每一種的外觀都很簡約，所以看起來也不會亂。

PP盒／薄型
正反疊／白灰
約寬26×深37×高9cm
790日圓

Use it!

軟質聚
乙烯收納盒／中
約寬25.5×深36×
高16cm
790日圓

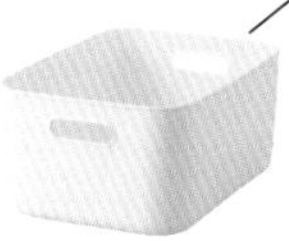

聚丙烯檔案盒
標準型／寬
A4／白灰
約長15×寬32×
高24cm
690日圓

聚丙烯
小物收納盒
6層
約長11×寬24.5×
高32cm
2,490日圓

column.2

在家吃飯也可以不一樣！

真心推薦無印良品的調理包食品

覺得中午煮飯很麻煩嗎？這種時候就輪到無印良品的調理包食品登場了！以下介紹幾款工作空檔時就能奢侈享用的調理包食品。

1

刺激暢快的辣味
助你提振精神！

異國咖哩速食包
綠咖哩
180g（1人分）
350日圓

充滿香草風味和綠辣椒辣味的道地泰式咖哩，內含完整雞肉與竹筍。

2

來一盤微高級
義大利麵
享受幸福滋味♪

義大利麵醬
香蒜鮮蝦蔬菜
90g（1人分）
290日圓

蝦子的鮮味和大蒜的香氣包你一吃上癮。這包義大利麵醬還可以吃到爽脆的蔬菜，用料紮實。

3

輕輕鬆鬆
即刻品味
中華料理！

速食湯拌飯
酸辣湯
160g（1人分）
290日圓

以中國鄉土料理為範本所設計的酸辣湯拌飯醬。大麥黑醋的酸味與濃稠的芡汁超下飯。

4

加入短義大利麵
也很GOOD！

5種蔬菜
義式濃湯
4餐
390日圓

高麗菜、紅蘿蔔、洋蔥滿滿的蔬菜湯，推薦給午餐不想吃太多的人。

5

大滿足份量
絕對吃得飽♪

速食湯拌飯
日式牛筋醬汁
160g（1人分）
350日圓

以醬油調製的鹹甜滷汁，燉煮牛筋和蒟蒻的神戶鄉土料理「紅燒牛筋蒟蒻」（ぼっかけ）。濃郁的薑味可以促進食慾。

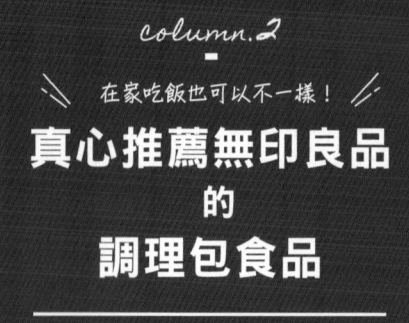

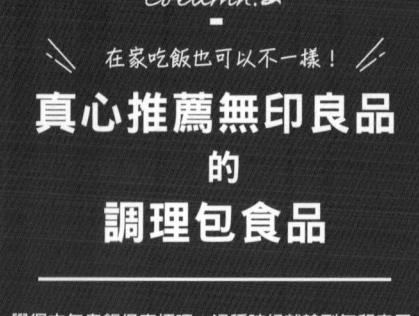

CHAPTER 3

收納能手也是工作能手
超人氣IG帳號告訴你

辦公用品與工作桌的整理小巧思

將無印良品發揮得淋漓盡致的部落客和人氣IG帳號
不藏私分享自己偏愛的工作用品和工作桌整理術。
文件整理、桌面整潔、抽屜收納、文具、療癒小物，
本章收錄了大量幫助你升級工作環境質感的
無印良品優質產品。

item 01

在家工作一定要確保充足桌面空間

我很慶幸自己買了這張桌子。以前我是當書桌用，不過開始遠端工作後則改成電腦桌。如果平常就需要在家辦公的話，桌子一定要大張一點。

Use it!

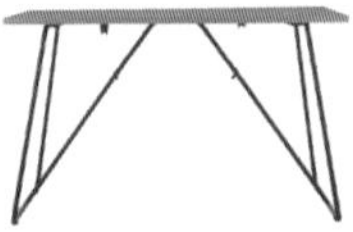

可摺疊桌／橡木
120cm／8A
寬120×深70×
高72cm
19,900日圓

item 02

小而美的空間適合圓滑線條

我為了在家事和育兒的空檔也能隨時工作，所以並沒有固定的工作區。雖然我替每個空間都選了適合的椅子，但需要一直移動時則會用這張輕便的簡約圓椅。除了造型簡單，可以融入各個空間的風格，坐起來當然也很舒服。

Use it!

簡約圓椅
淺灰／9A
48×50×82
（座高46）cm
9,790日圓

item 03

既然是自己家裡用造型和舒適度都很重要

椅子坐起來舒服與否會大大影響工作效率。我雖然選擇造型簡單的椅子，不過也自行加裝專用手把，減輕工作時的疲勞。

Use it!

工作椅／09
灰色
寬55.5×深53×
高74～84cm
12,900日圓

工作椅手把／09
灰色／2入
2,990日圓

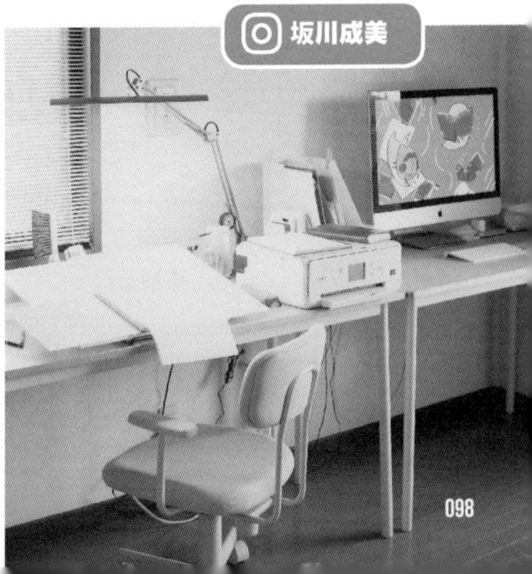

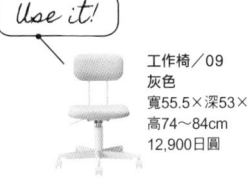

item 04

工作桌最佳綠葉 採取看得見的收納

一般買家具和擺飾時很容易只關注產品本身的細節，結果買回家擺起來才發現架子多了一分壓迫感。雖然這種壓克力盒不是目光焦點，但可以利用它透明的性質，大大減輕擺飾品厚重的觀感。

Use it!

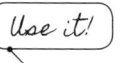

壓克力盒
橫型／5層
約寬25.5×深17×高16cm
3,490日圓

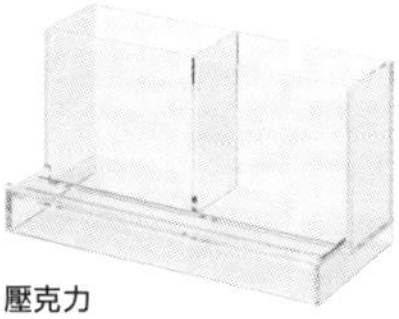

壓克力
手機小物架／大
約寬16.8×深8.4×高9cm
990日圓

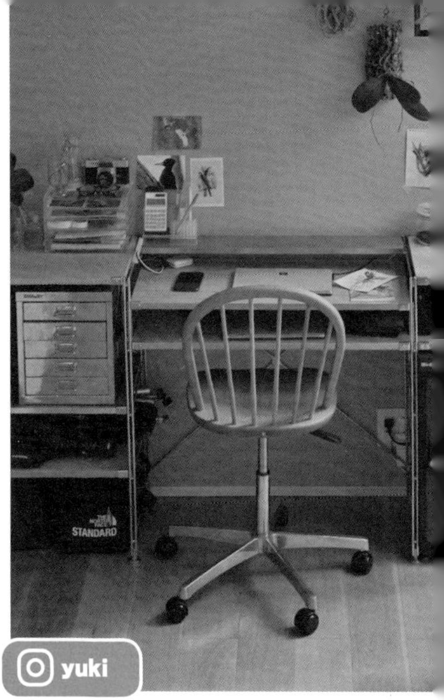

yuki

yu-san

item 05

看起來平凡無奇 愈用愈了解奧秘

硬碟和滑鼠、線材這些東西平常不想擺在外面，但要用時又希望能馬上拿出來，所以我會收在檔案盒裡並蓋上蓋子，維持清新的視覺，要拿取時也很方便。

Use it!

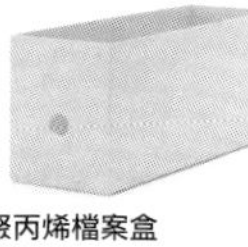

聚丙烯檔案盒
標準型
1/2／白灰
約寬10×深32×高12cm
350日圓

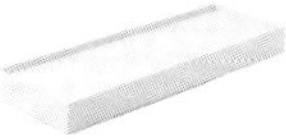

聚丙烯檔案盒用蓋
（可裝置輪子）
寬10cm用／灰白
290日圓

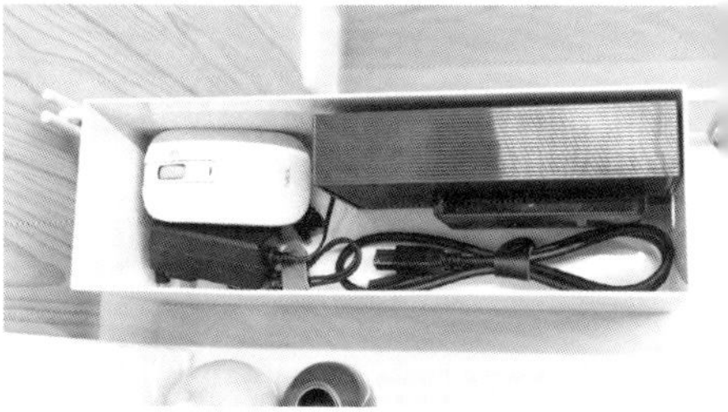

item 06

重新喚醒櫥櫃功能 打造無壓力收納

我把櫥櫃開關不順的門板拆掉，放入無印良品的層架，改造成開放式收納處。消耗品的備用品還有需要保存的文件、資料大小不一，不過我現在都直接丟進檔案盒，讓表面整齊一點，看起來比較不煩燥。而且其實從上面還是稍微看得到檔案盒裡面放什麼，所以拿東西時也不必東翻西找。

Use it!

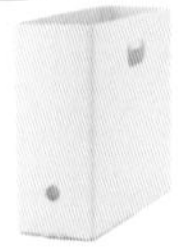

發泡聚丙烯文件盒
標準／3件組
約寬10×深32×高24cm
1,290日圓

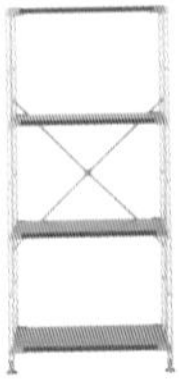

SUS胡桃木層架組／中
寬58×深41×高120cm
22,900日圓

item 07

真心喜歡的環境 比方便與否更有價值

用電腦工作勢必需要印表機，而組合收納櫃就是我專門放印表機的地方。擺在有輪子的檔案盒用蓋上，移動起來也很輕鬆。而且印表機和收納櫃的尺寸剛剛好，擺起來很穩，所以我很喜歡這個組合。

Use it!

橡木組合收納櫃
半型／開放式
寬37×深27×高18.5cm
2,490日圓
＊耐重10kg

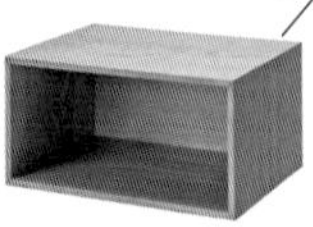

聚丙烯檔案盒用蓋
（可裝置輪子）
寬25cm用／灰白
490日圓
＊耐重10kg（請勿放置過重物品）

PP組合箱用
輪子 4入
390日圓

松木組合架
86cm寬／小
寬86×深39.5×高83cm
9,990日圓

松木組合架
追加用側片／小
高83cm×
深39.5cm用
2,490日圓

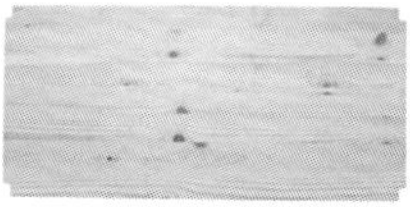

松木組合架
棚版／86cm寬
寬86×深39.5cm用
2,490日圓

松木組合架
交叉桿L
寬86cm用
990日圓

mioko

item 08

伴隨我們家一路走來 逐漸成長的愛用品

這是我和先生結婚後第一個買的家具，之後這個萬用的家具不斷變動位置，改變用途，一直對我們的生活做出優良貢獻。我們前前後後添購了幾組，現在家裡已經有7座組合架了。我們還用層架組合出工作空間，在這裡工作的效率也很高。

坂川成美

item 09

擺在桌上也 不礙眼

我看一個漫畫家朋友用過這個小掃帚，覺得很酷，所以自己也買了一個。實際用過後發現比想像中還好用，掉進縫隙的橡皮擦屑也能輕鬆掃出。更開心的是掃帚造型樸素，即使直接擺在桌上也不會不好看。

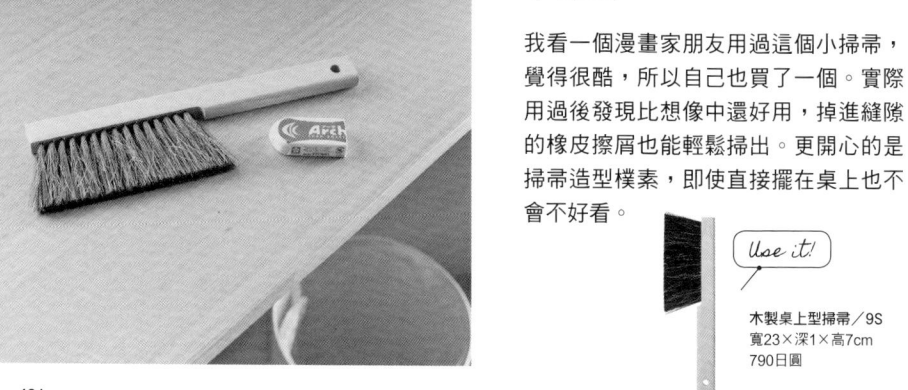

木製桌上型掃帚／9S
寬23×深1×高7cm
790日圓

item 10

陽光可以直通底部 毫無壓迫感的收納架

@ rinrin

我想在窗台上擺點植物和雜貨，所以買了幾個「壓克力隔板」疊成收納架。透明材質的好處是不會造成壓迫感，而且下層的植物也曬得到太陽。壓克力很堅硬，即使盆栽有點重也不用怕壓壞。

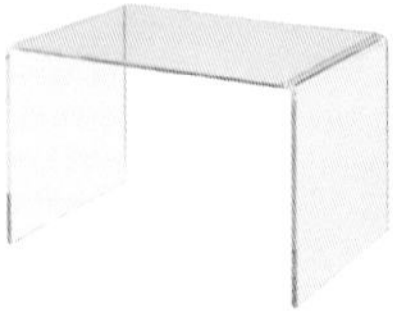

Use it!

壓克力隔板
寬26×深17.5×高16cm
790日圓
＊耐重3kg

item 11

可以輕鬆拉開 大小適中的抽屜盒

TODAY
IS GONNA
BE A
GOOD D

@ Umi

這款收納盒也是木質調設計，和橡木桌可以相互搭配。抽屜裡收著辦公用品，上面則擺了其他日用品和小植物裝飾。它可以直著擺也可以橫著擺，想要在桌上多安置一個收納文件或小物的地方時很好用。

Use it!

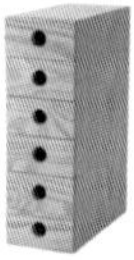

木製小物收納盒6層
約長8.4×寬17×高25.2cm
2,990日圓

木製小物收納盒1層
寬25.2×深17×高8.4cm
1,990日圓

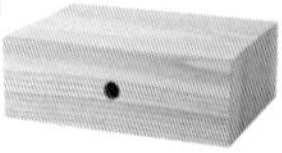

item 12

令人一見鍾情的小家具 是我工作時放咖啡杯的地方

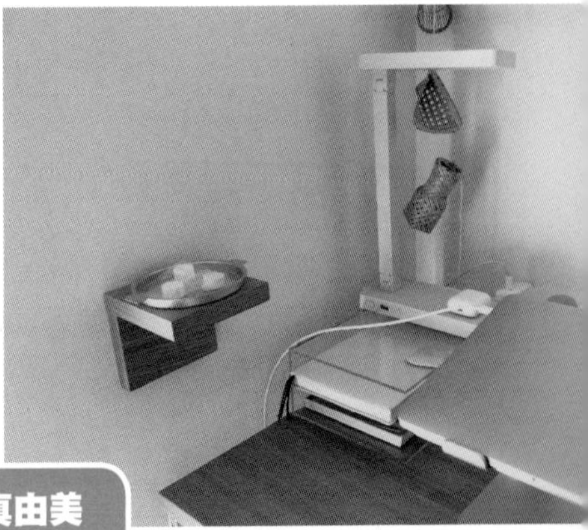

這款棚板雖然小小的，但非常穩固，很適合工作時用來放咖啡杯，或是放一些芬香產品等小東西。壁掛家具系列安裝容易，其他產品也很深得我心。

Use it!

壁掛家具／L型棚板
11cm／胡桃木
1,390日圓

@ 岩城真由美

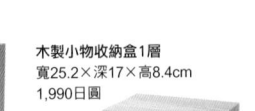

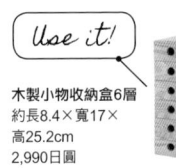

@Misaki

item 13

蓋上即關燈 無論擺在哪都安心

我在客廳桌工作時，還有小女兒寫功課時都會用到這台桌燈。它是充電式的，所以可以擺在任何地方，不必煩惱電線整理和安全問題。我也很喜歡它蓋起來就自動關燈的設計，這麼一來就不必擔心自己有沒有忘了關燈。

Use it!

攜帶式無線燈
型號：MJ-TLL1
8,890日圓

item 14

好好整頓環境 提高工作效率

我之所以會買這座燈是因為看上它時尚的設計，擺在桌上令我工作時心情更好，效率更高。我裝了聲控型的智慧燈泡，夜間還能發揮間接照明的功效。

Use it!

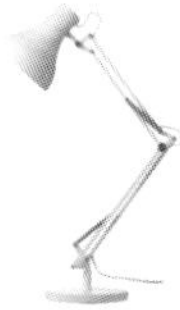

LED調整式金屬桌燈
附燈座
型號：MJ1505
6,990日圓

@無印Hayahsi

@胖媽咪

item 15

出奇方便的 貼心設計

其實這種充滿無印良品風格的簡約設計已經很棒了，但這座桌燈竟然還可以插電池使用，無論是一般插座還是USB插座都可以使用。因為不需要接有的沒的延長線，桌燈周圍自然可以維持整潔。

Use it!

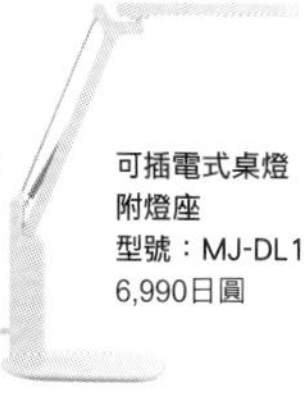

可插電式桌燈
附燈座
型號：MJ-DL1B
6,990日圓

item 01

區分工作用具
和其他家人的東西

經常拿來拿去的文件，一定要以好拿好收為重！印表機底下的櫃子剛好很適合放標準型檔案盒，主要用來收納產品說明書和一些占位子的東西。這個櫃子本身就是配合檔案盒尺寸設計的，所以用起來非常方便。

Use it!

胡桃木
組合收納櫃
抽屜／4段／8A
寬37×深28×
高37cm
6,990日圓

PP盒／淺型／2格
附隔板（正反疊）／白灰
約寬26×深37×高12cm
1,190日圓

PP盒／淺型
（正反疊）／白灰
約寬26×深37×高12cm
890日圓

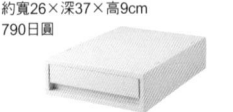

PP盒／薄型
（正反疊）／白灰
約寬26×深37×高9cm
790日圓

PP組合
箱用輪子 4入
390日圓

usuriri

yuu

item 02

文具和摺紙、
貼紙收進資料盒

瑣碎的小東西我習慣用抽屜式容器收納。PP資料盒的大小剛剛好，對我們家所有人來說都很好用。即使收納用品大小造型不一，只要統一顏色，維持無印良品的風格，依然不會顯得紛亂。

Use it!

PP資料盒／橫式
淺型／白灰
約寬37×深26×高12cm
990日圓

item 03

配合生活自由組合 維持客廳整潔

我們家是用不同尺寸的DIY環保收納櫃搭配專用紙箱抽屜來收納孩子的玩具。東西平常是擺在書桌底下，但如果會影響到我做事，或是孩子要玩的時候也可以直接拖出來，很方便。

Use it!

DIY環保收納櫃用
紙箱抽屜
寬34×深27×高34cm
750日圓

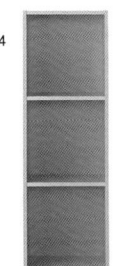

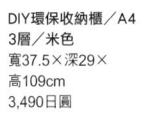

DIY環保收納櫃／A4
3層／米色
寬37.5×深29×
高109cm
3,490日圓

item 04

重要的是分割空間 避免東西亂滾

底部裝上輪子後便利性大增，盒子裡面也根據收納物品的大小，用整理盒分割空間，這麼一來拉開抽屜時，裡面的東西就不會亂滾了。而且我只收真正會用到的東西，盡量維持好拿好收的狀態。

Use it!

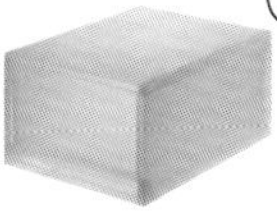

PP盒／深型
（正反疊）／5S
約寬26×奧37×
高17.5cm
990日圓

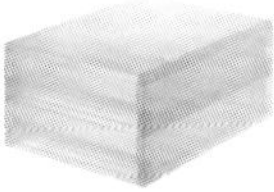

PP盒／薄型
2段（正反疊）
約寬26×奧37×
高16.5cm
1,190日圓

PP組合
箱用輪子　4入
390日圓

item 05

工作時 可以拉出 整個抽屜 拿到桌上使用

使用頻率較高的文具、家計簿、學校通知單等文件，各種家裡會用到的東西依類別收在不同抽屜。要處理一些事務性工作時，還可以直接把整個抽屜抽出來拿到客廳桌上，方便我使用。

Misaki

Use it!

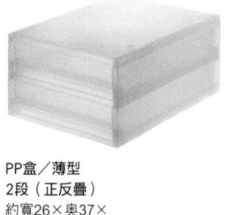

PP盒／薄型
2段（正反疊）
約寬26×奧37×
高16.5cm
1,190日圓

岩城真由美

item 06

站著躺著都可以 不同用途不同樂趣

雖然商品本身形象是站立式，但其實橫放也很好用。由於壓克力式透明的，可以清楚看見裡面收放的東西，所以我都當抽屜放記事本和筆記本。

Use it!

壓克力收納架
約寬8.7×深17×高25.2cm
1,490日圓

＊若要橫放使用，禁止疊放重物

胖媽咪

item 07

值得信賴的收納 家事與工作的好幫手

我有時也會在餐桌上工作，所以我把食品儲藏間裡一半的空間改成客廳收納櫃，用來收納工作時會用到的東西。放在下層的東西我還加裝了輪子，要拉出來時會比較輕鬆。

Use it!

聚丙烯檔案盒用蓋（可裝置輪子）
寬15cm用／灰白
390日圓

聚丙烯檔案盒／標準型
寬／A4／白灰
約長15×寬32×高24cm
690日圓

PP組合
箱用輪子　4入
390日圓

item 08

間隔並提供支撐 超好用的隔板

這些隔板尺寸不大，穩定性卻很高，連容易彎掉的雜誌也能穩穩撐住。而且因為設計簡單，就算稍微從書跟書之間的縫隙露出來也不會難看。

warashibe

Use it!

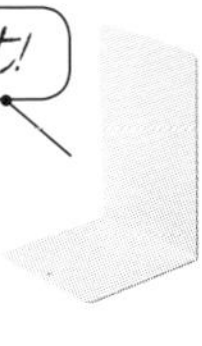

鋼製書架隔板／中
寬12×深12×高17.5cm
250日圓

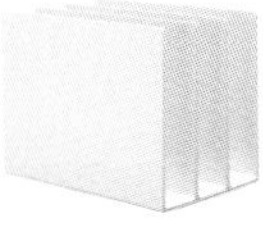

聚苯乙烯分隔板
白灰／3分隔／小
約210×135×160mm
690日圓

item 09
小東西集中收在一起避免走失

抽屜式的小物收納盒用來保管小東西非常好用，而且還可以自行改裝內部隔板，看要橫放還是直放。我用了2個小物收納盒，放在尺寸剛剛好符合的架子上。

Use it!

聚丙烯
小物收納盒／6層
約寬11×深24.5×高32cm
2,490日圓

胖媽咪

item 10
工作所需物品總會在那裡

我會依心情改變工作的地方，有時在客廳，有時在孩子的房間，所以我把看電腦時戴的眼鏡、眼藥水、記事本、待辦便條、筆記本、筆袋、電腦充電器等工作時會用到的東西集中放在一個托盤上，方便我拿著走，而且隨時都能拿到需要的東西。我的電腦大小也能直接收進托盤，所以我工作結束後就會直接把電腦收起來，整個托盤一起放在桌上。

Use it!

組合架用托盤／橡木
寬37.5×深28.5×高6cm
3,490日圓

生活之音@mico

item 11

決定好固定收納位置就能提高做事效率

我會用隔板和整理盒來劃分架子上和抽屜裡的空間，為每項東西安排一個最適合收放的位子，避免東西全部混在一起。

Use it!

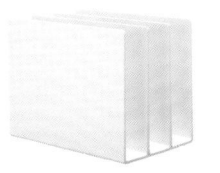

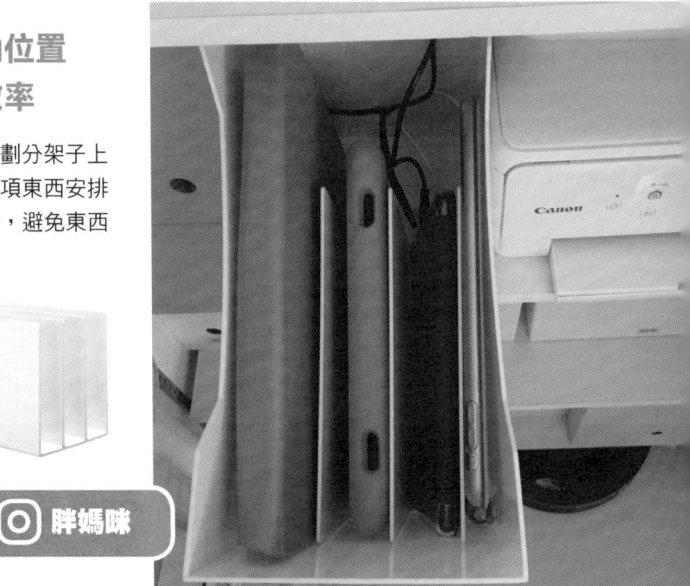

聚苯乙烯分隔板
白灰／3分隔／小
約寬210×深135×高160mm
690日圓

item 12

注重方便使用方便放回的收納

我會在抽屜盒內再用整理盒清楚分割空間，避免拉開抽屜時東西滾動，也比較好拿東西。而且裡面只放我仔細篩選過，真的會用到的東西。

Use it!

PP盒／薄型
2段（正反疊）
約寬26×深37×高16.5cm
1,190日圓

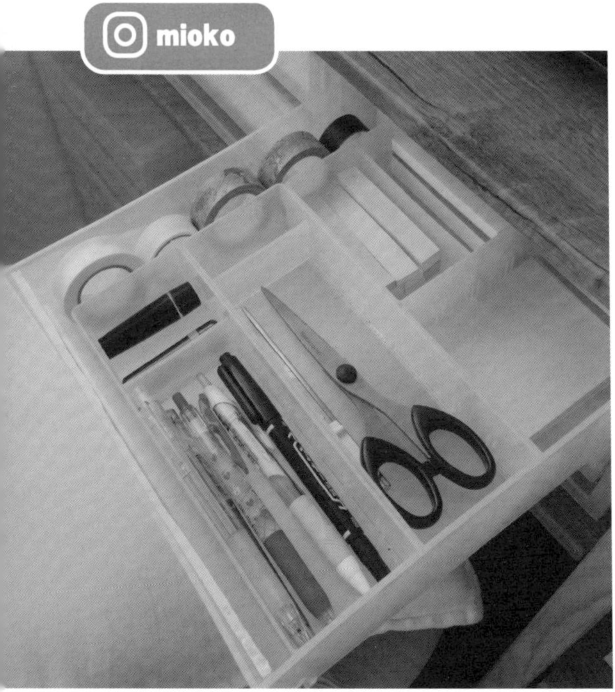

item 01
文件、書籍、日用品 全都收在這裡

上層收著文具和精油。我還買了「胡桃木組合收納櫃／抽屜」，減少書籍的數量，留下更多收納空間，用來放文具、文件、資訊器材。

Use it!

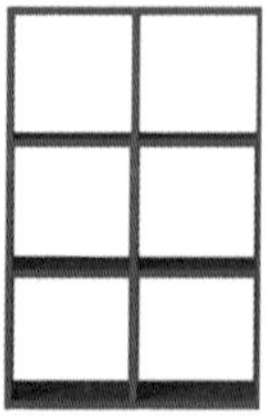

自由組合層架
胡桃木／3×2
寬82×深28.5×高121cm
29,900日圓

胡桃木組合收納櫃
抽屜／2段／8A
寬37×深28×高37cm
5,990日圓

無印Hayahsi

kico.kwd

item 02
以安全性為重 選擇紙箱收納用品

紙板檔案盒大小適中，輕巧易拿取，非常適合壁掛式收納。外面貼了我自己做的標籤，明確標示內容物。標籤上還寫著大大的數字，固定每一盒擺放的順序，用起來也更方便。

易摺疊厚紙板檔案盒
5入／A4用／深灰
890日圓

Use it!

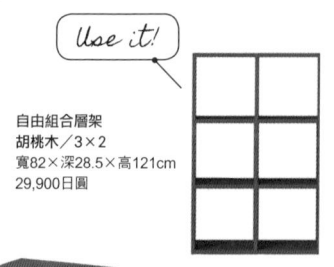

item 03

商品尺寸規格化 用法變化彈性高

我在書桌上擺了個間隔板，直立收納筆記本和記事本，還掛了3種檔案盒專用的配件小盒子放文具。這個區域擺的都是我常用的東西，可以說是精選一軍的待命區。

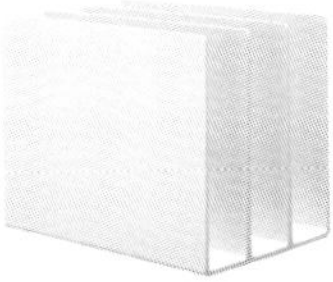

聚苯乙烯分隔板
白灰／3分隔／小
約210×135×160mm
690日圓

Samia

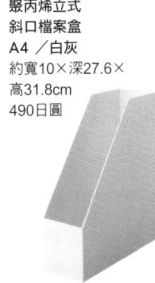

聚丙烯立式
斜口檔案盒
A4 ／白灰
約寬10×深27.6×高31.8cm
490日圓

Use it!

聚丙烯檔案盒
標準型／A4用
白灰
約寬10×深32×高24cm
490日圓

item 04

省去翻找東西的麻煩 還能靈活改變 組合方式

usuriri

「聚苯乙烯分隔板」直立使用時，剛好可以收納A5大小的筆記本。而木製收納架我是用來放平板電腦。這種和諧的設計很有無印良品的特色，用起來很舒服。

Use it!

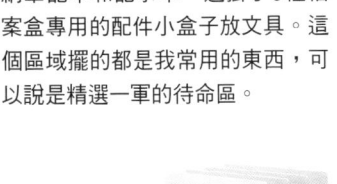

木製收納架
A5尺寸
約寬8.4×深17×高25.2cm
1,490日圓

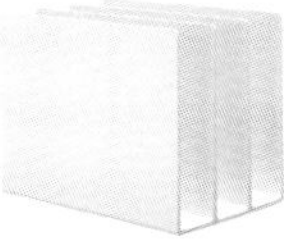

聚苯乙烯分隔板
白灰／3分隔／小
約210×135×160mm
690日圓

item 05

收納時適度留白
可以保持清新觀感

我將影印紙和產品說明書收在貼著標籤的檔案盒裡。無印良品的檔案盒樣式單純，貼上標籤也不突兀，而且可以隨時添購需要的大小和份量，不必煩惱不夠用。

Use it!

聚丙烯檔案盒／標準型
寬／A4／白灰
約長15×寬32×高24cm
690日圓

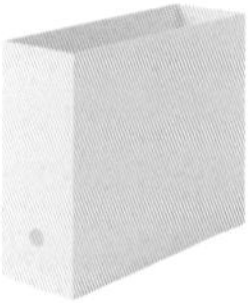

聚丙烯檔案盒／標準型
A4用／白灰
約寬10×深32×
高24cm
490日圓

item 06

整理收納神器
好收好拿不用找

平常用不到的產品說明書想收在看不見的地方，但要用的時候也希望能馬上找到。直接丟進文件夾就能輕鬆收納，需要時也能輕易找出來。

item 07

採取簡易收納方式
家人也容易整理

我們家會用檔案盒區分生活相關文件還有我們夫妻各自的工作資料。雖然這種做法比較單純，不過我認為所有家人都可以理解的簡單方法才是最好的收納。

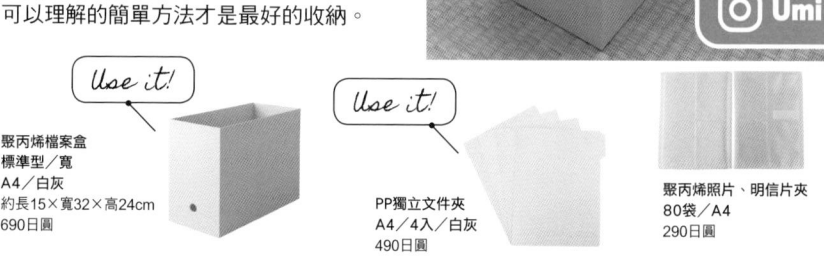

Use it!

聚丙烯檔案盒
標準型／寬
A4／白灰
約長15×寬32×高24cm
690日圓

Use it!

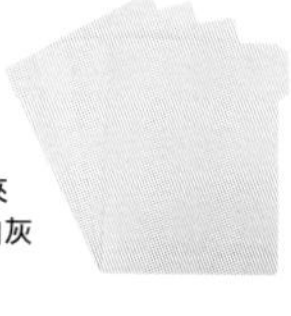

PP獨立文件夾
A4／4入／白灰
490日圓

聚丙烯照片、明信片夾
80袋／A4
290日圓

Tamami

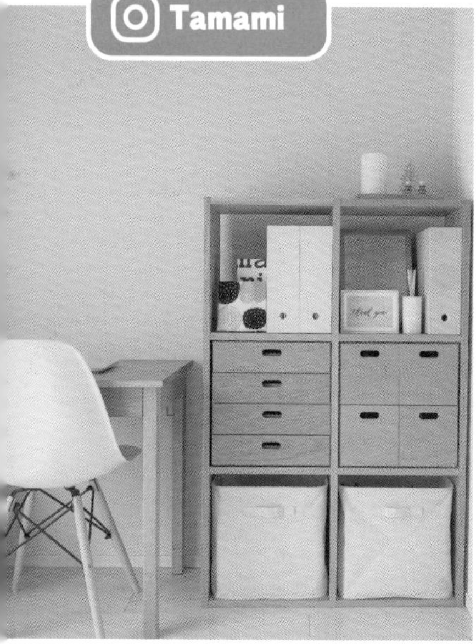

item 08

工作資料的收納要點在於能否輕鬆拿取

層架的最下面放了少部分我文書作業時所需的文件，這裡的收納重點是在棉麻聚酯收納箱裡，放置2個硬質檔案盒。質地柔軟的收納箱有把手，方便我從櫃子裡拉出來而且不會刮傷層架。

Use it!

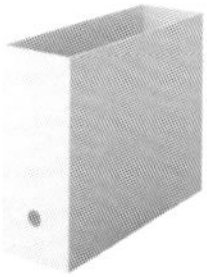

聚丙烯檔案盒
標準型
A4用／白灰
約寬10×深32×高24cm
490日圓

棉麻聚酯收納箱
長方形／大
約寬37×深26×高34cm
990日圓

自由組合層架
橡木／3×2
寬82×深28.5×高121cm
24,900日圓

usuriri

item 09

統一選擇白灰色即使檔案盒擺整排也不會造成壓迫感

我們家玄關也有這個層架，後來我又買了一個放在工作檯上。抽屜櫃裡收著全家人共用的物品，左邊是影印紙等列印相關物品以及文具，右邊則收著存摺和印章。

Use it!

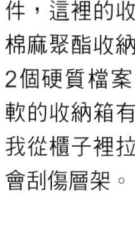

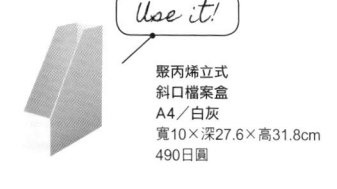

聚丙烯立式
斜口檔案盒
A4／白灰
寬10×深27.6×高31.8cm
490日圓

聚丙烯檔案盒
標準型
A4用／白灰
約寬10×深32×高24cm
490日圓

item 01

給東西一個家 就能維持整齊

我在書桌旁擺了個抽屜櫃，抽屜內都用整理盒細分每個文具的固定擺放位置。這種設計簡單、樣式相同的收納用品讓收拾也變得有趣多了。

Use it!

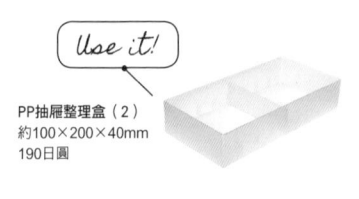

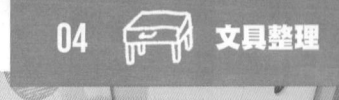

PP抽屜整理盒（2）
約100×200×40mm
190日圓

自由組合層架
橡木／3×2
寬82×深28.5×高121cm
24,900日圓

Tamami

item 02

透明的壓克力架 不必擔心東西丟不見

我以前都把畫具跟筆直放在杯子裡，但剩下短短一截的東西到最後都很容易弄不見，所以現在我只留下真正會用到的文具，並改用壓克力置物架收納。

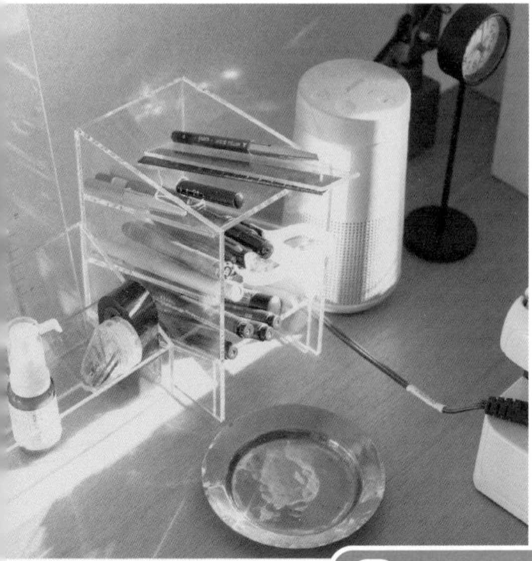

坂川成美

Use it!

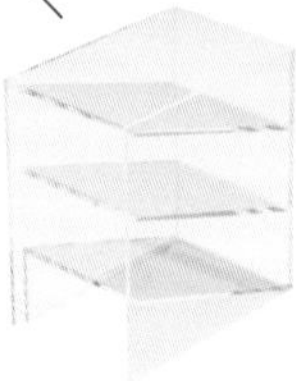

壓克力小物收納架／斜口
寬8.8×深13×高14.3cm
1,190日圓

item 03

選擇自己喜歡的籃子 既美觀又能有效收納

我加購了蓋子，遮住籃子裡的東西。即使籃子裡沒有特別整理，只要蓋上蓋子，看起來就會很整齊清爽。

Use it!

可堆疊藤編
長方盒／小／附蓋
約寬26×深18×高16cm
1,990日圓

可堆疊藤編／方形籃／大
約寬35×深36×高24cm
3,990日圓

可堆疊藤編
方形用蓋
約寬35×深36×高3cm
990日圓

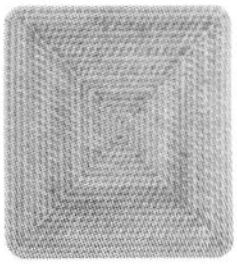

item 04

善用邊邊角角 精明且舒服的收納

想要在家工作時有效利用空檔做家事、照顧孩子，一定要善用邊角收納。桌面角落擺個檔案盒，加裝隔間小物盒，就能迅速整理手邊物品，維持桌面整潔。

Use it!

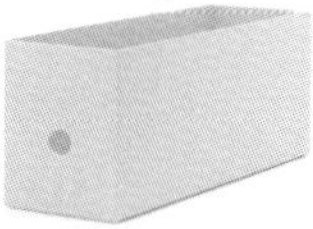

聚丙烯檔案盒／標準型
1/2／白灰
約寬10×深32×高12cm
350日圓

聚丙烯檔案盒用
（隔間小物盒）
約寬90×深40×高50mm
150日圓

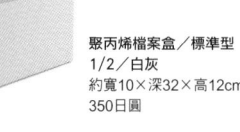

胖媽咪

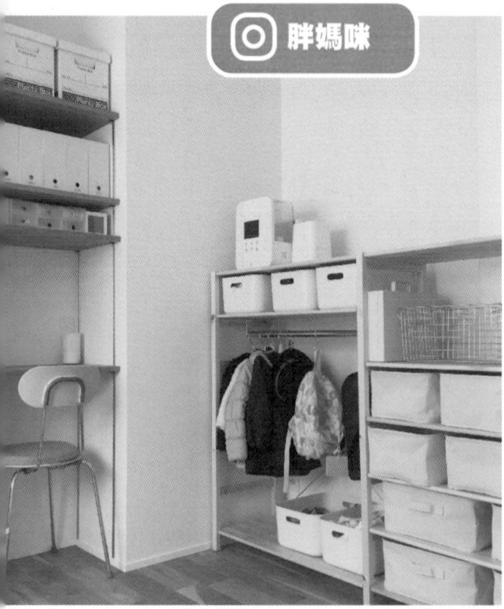

item 05

孩子的東西
也可以整齊美觀

檔案盒搭配小物收納盒，孩子的生活空間也能變得簡潔俐落。雖然收納用品的尺寸和樣式不盡相同，但材質和氛圍是一樣的，所以收納起來也很輕鬆，心裡不會有壓力。

Use it!

聚丙烯
小物收納盒
6層
約長11×寬24.5×高32cm
2,490日圓

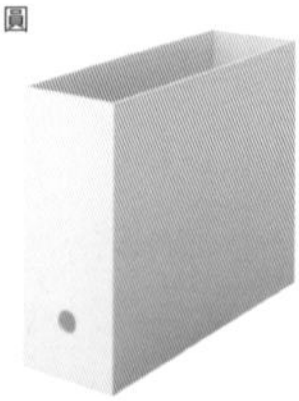

聚丙烯檔案盒
標準型
A4用／白灰
約寬10×深32×高24cm
490日圓

無印女子 Konabe

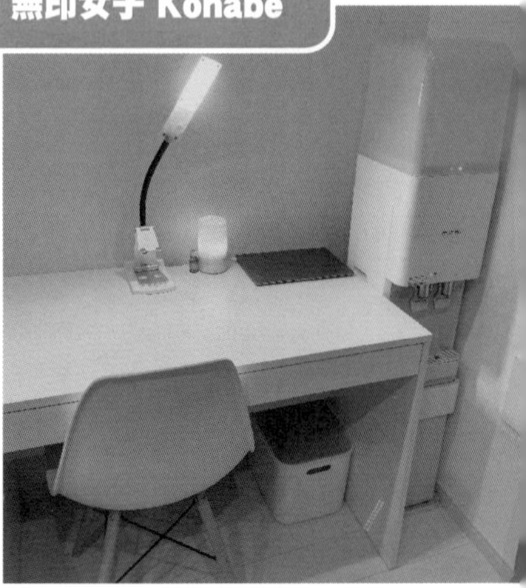

item 06

藏得好也是好收納
眼不見為淨

容易亂七八糟的電線類，我用一個空間比較充足的收納盒裝起來。這款收納盒材質偏軟，不會刮傷地板，不小心撞到也不會痛。

Use it!

軟質聚乙烯
收納盒／大
約寬25.5×深36×高24cm
990日圓

Samia

椰纖編長方形盒
約寬26×深18.5×
高12cm
750日圓

item 07

外表高級、價格親民的籃子 提升組合櫃的質感

宜得利的組合櫃裡面放了2個椰纖編長方形盒，用來裝比較少用的文具，還有一些零嘴。

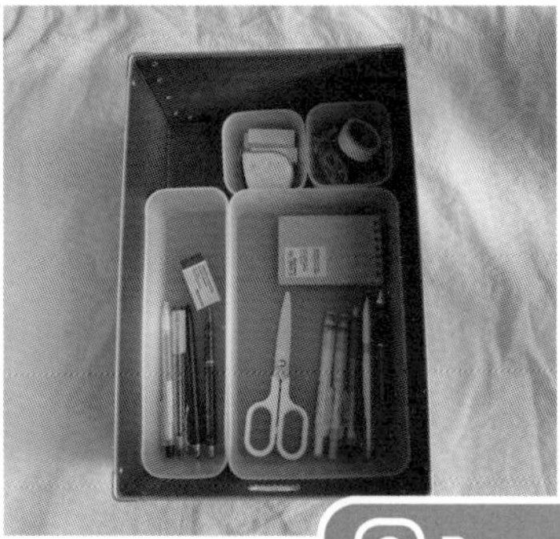

Ryo

item 08

「硬質紙箱」讓收納更具紳士風雅

我的收納首重瀟灑的感覺。「硬質紙箱」樸實無華的黑色設計有股男子氣概，很對我胃口。發泡材質的優點是輕巧卻堅硬，移動非常方便。抽屜裡面我還用了「PP整理盒」隔開各個物品。

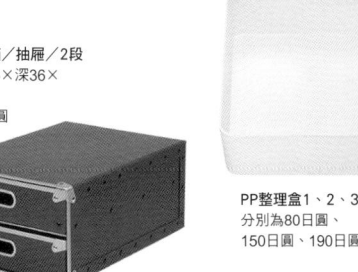

硬質紙箱／抽屜／2段
約寬25.5×深36×
高16cm
2,590日圓

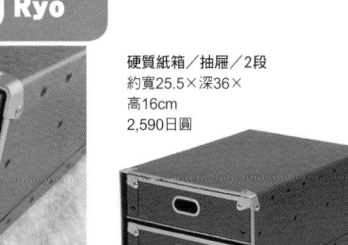

PP整理盒1、2、3
分別為80日圓、
150日圓、190日圓

＊上圖為PP整理盒3

item 01

不起眼但超好用的電腦工作良伴

把A4文件立起來，就可以一面看文件一面打字。雖然只是個小東西，不過文件擺在電腦螢幕旁邊，輸入資料的時候真的會輕鬆不少。

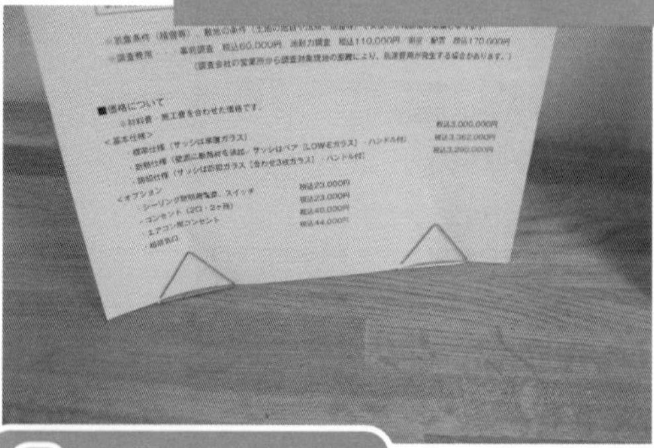

生活之音@mico

Use it!

不鏽鋼迴紋針夾
（卡片立架）大／2入
190日圓

warashibe

item 02

管理待辦清單讓自己專注於「現在要做的事情」

將待辦事項寫在單字卡上，並依照優先順序翻到現在要做的事情上。若只看得到「現在該做的事情」，自然就容易專心處理。

Use it!

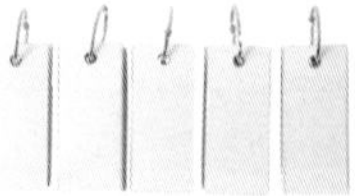

PP封面單字卡
100頁／5入
290日圓

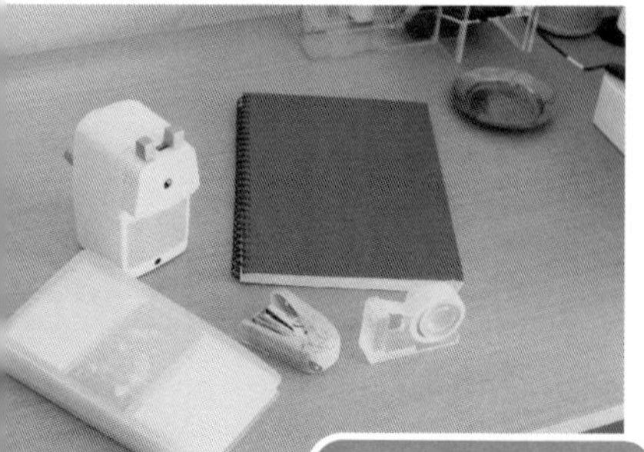

坂川成美

item 03

文具選擇絕不馬虎設計優良、價格實惠

我希望桌上的文具都是我收納時也會想看見的東西。無印良品不僅收納用品做得好，連文具的細部設計、細膩的色調以及質感也很用心。雖然有更便宜的文具，但就設計與品質來看，這個價格絕對不算貴。

Use it!

聚丙烯票卡夾
3段／180張口袋
側面收納
250日圓

易壓型釘書機
附針50支
390日圓

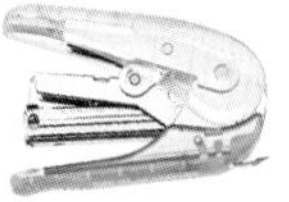

壓克力膠帶台／小
120日圓

雙環筆記本（空白）
80張／B5／深灰
250日圓

item 04

凡事逐漸遠端化 家裡環境應當更舒適

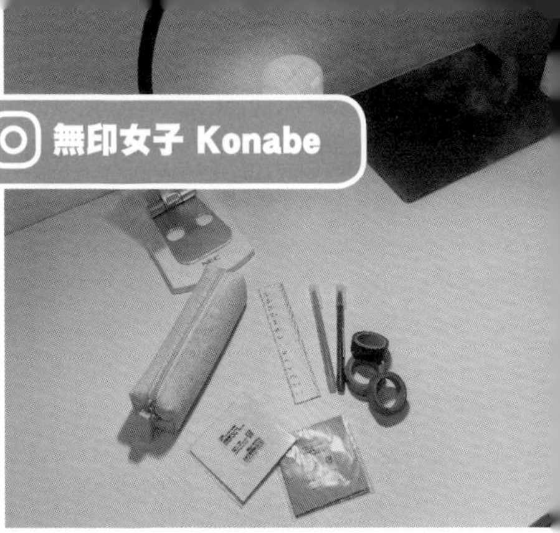

不一定得用無印良品的東西，只要統一顏色和造型、統一使用品牌，就可以很有整體感。不過無印良品好就好在某個喜歡的產品即使絕版，還是可以找到類似的或改良過的東西。這次我重新買了一組文具，每一個都是我的心頭肉。

淡彩螢光筆
各色 50日圓

Use it!

壓克力透明尺
15cm
50日圓

原色便利貼
75×75／30張
90日圓

和紙膠帶／3色
（暗紅、米、灰）
390日圓

item 05

統一使用無印良品的文具 可以提升學習動力

在家念書的時間變多了，所以我在書桌周圍擺了更多自己喜歡的東西，幫助我集中精神。好用的文具可以提高學習動力，而我的目標就是打造一個回到家後會想馬上坐下來念書的書房。

聚丙烯檔案夾
B5／26孔
450日圓

Use it!

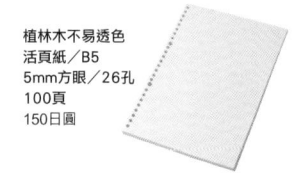

植林木不易透色
活頁紙／B5
5mm方眼／26孔
100頁
150日圓

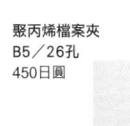

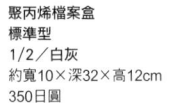

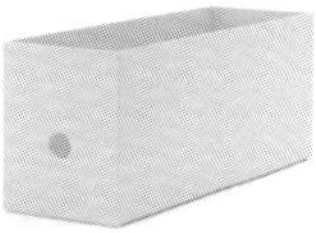

聚丙烯檔案盒
標準型
1/2／白灰
約寬10×深32×高12cm
350日圓

item 01

可以依照心情和情境輕鬆選擇適合的音樂

我認為這是無印良品的一大傑作。清新的造型具有其他音響所沒有的魅力，可以作為室內裝潢的一大亮點。工作時我會連接藍芽喇叭，或搭配耳機使用。早上我會放點神清氣爽的音樂，晚上比較常聽動感一點的曲子。

Use it!

壁掛式CD音響／13A
型號：CPD-4
12,900日圓

坂川成美

TODAY
IS GONNA
BE A
GOOD DAY

item 02

無印良品讓我體會到栽培植物的快樂

就連仙人掌都可以養死的我，藉著無印良品的觀賞植物和園藝用品嘗到了成功栽培植物的滋味。現在我種的植物都健康長大了。無論是替葉子噴上水霧用的噴水瓶，還是盆栽套，簡單的設計都不會破壞房間原本的裝潢。

Umi

Use it!

塑膠噴水瓶／小
300ml
型號：MJ-PS2
390日圓

帆布盆栽套
約直徑11×高16cm
390日圓

觀賞植物用
發泡煉石　約1L
490日圓

塑膠注水瓶／小
300ml
型號：MJ-PN2
250日圓

無印Hayahsi

item 03

早上給你清醒的一杯
下午給你提神的一杯

我非常喜歡喝咖啡，希望想喝時能更快喝到咖啡，所以買了這台咖啡機。它有自動磨豆的功能，只要放好豆子、裝好水，按下開關就能馬上喝到美味的咖啡。現在我喝的咖啡全都交是用這台泡的。

Use it!

全自動研磨
滴濾咖啡機
型號：MJ-CM1
19,900日圓

item 04

展現飲料魅力的透明杯
彷彿一秒來到咖啡廳

休息時間我會喝杯咖啡或紅茶。我之所以喜歡這個玻璃馬克杯，除了可以清楚看見飲料的模樣之外，還有它冷熱皆宜，一年四季都有使用的機會。

Use it!

耐熱玻璃　馬克杯
約360ml
390日圓

Samia

Umi

item 05

大小便於攜帶
咕咕聲充滿安詳

鴿子每30分鐘就會跑出來報時，如果不想聽到聲音也可以關掉。這款咕咕鐘沒有秒針，不必擔心會有滴滴答答的聲音吵到自己；而且尺寸小巧易攜帶，我換張桌子工作時也會帶著走。

Use it!

咕咕鐘
15S／白色
5,490日圓

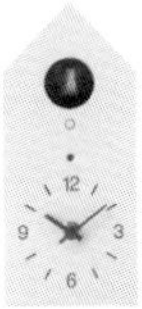

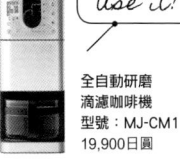

item 06

多年來的愛用品在工作與家事之間喘口氣

這款耐熱玻璃茶具組我已經用了很久，不但冷熱皆宜，造型也很簡單，泛用性高。我都會趁著工作和家事忙到一個段落時，泡杯香草茶或紅茶放鬆一下，轉換心情。

耐熱玻璃壺／小
大約670ml
1,290日圓

Use it!

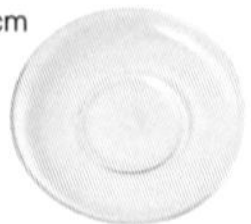

耐熱玻璃底盤
約直徑14cm
690日圓

RoomClip：Room No.3981048

item 07

最適合用來切換上下班的心情！

懶骨頭很適合用來小睡一下。沙發附近是我放鬆的地方，而書桌則是我專心做事的地方！只要換個環境，心境也會跟著轉變，所以懶骨頭沙發對我來說很重要。

Use it!

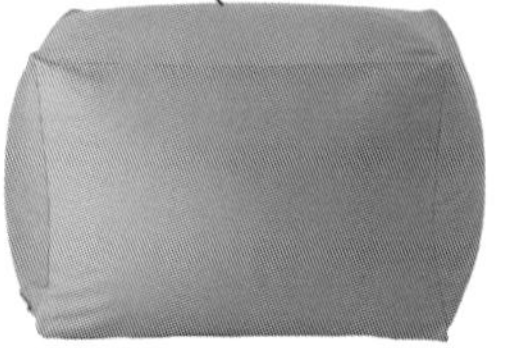

懶骨頭沙發／本體／1A
寬65×深65×高43cm
9,990日圓

＊沙發套需另外購買

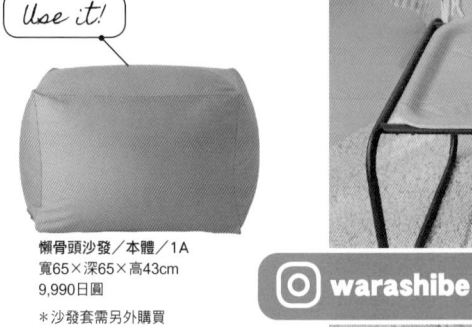

item 08

簡單乾脆的設計
泡咖啡也合適

完全符合無印良品風格的簡約消光色澤，非常貼近日常生活。這個不鏽鋼保溫杯的保溫保冷效果良好，溫度不會傳導到外面杯身，可以慢慢花時間享受一杯飲料。

生活之音@mico

Use it!

無把手不鏽鋼保溫杯
約300ml
990日圓

item 09

淡麗香氣
撫慰居家工作的心

Ryo

只需要將喜歡的精油滴在芬香石中央凹槽，就能輕鬆享受無印良品精油淡雅的香氣。芬香石除了擺在工作桌，也可以擺在床邊或玄關，讓家中各處飄散令人放鬆的香氣。

Use it!

芬香石
附盤 白
690日圓

綜合精油
放鬆 10ml
1,490日圓

item 10

無線香氛機移動自由
用香氣創造舒適生活

無印女子 Konabe

我平常將香氛機放在工作桌上，睡覺時會移到床邊。四周瀰漫著香氣的感覺真的教人受不了。依照心情嘗試不同種類的香氣雖然也很不錯，不過我最常用的香氣類型還是「舒緩」。

Use it!

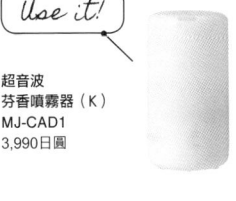

超音波
芬香噴霧器（K）
MJ-CAD1
3,990日圓

綜合精油
舒緩 10ml
1,490日圓

無印控

IG帳號LIST

rinrin

RoomClip：Room No.1619123

和丈夫皆年過40，兩人皆有工作在身。結婚前便買了現在居住的中古公寓，結婚多年以來房屋也曾整修。喜歡植物，於家中陽台和窗邊栽種多肉植物和觀賞植物，夢想是未來能搬到有院子的獨棟住宅。雖然現在居住的房子空間不大，但仍努力打理出便於生活的放鬆環境。

家族構成　和丈夫2人同住　家中格局　2房2廳1廚房

Ryo　@rryo__03

現居於福岡縣，追求簡單而舒適的生活，深愛無印良品的二字頭青年。小時候母親三不五時帶著他逛無印良品，令他也愛上這個品牌。鍾情於無印良品的零嘴和文具，現持有整理收納顧問2級的證照，正努力考取1級證照，每天持續學習，思考整理收納的點子。

家族構成　父、母、弟、妹共一家5口

家中格局　3房2廳1廚房

Samia　@samia.housework

最愛整理收納的職業婦女，時常推薦百圓商店和無印良品的收納用品，也分享減輕家事負擔的收納創意。憑藉自己整理收納顧問1級的專業知識，拍攝了數部整理講座影片並於網路公開分享。

家族構成　丈夫、女兒共一家3口

家中格局　3房1廳1廚房

Tamami　@tama.simple

整理收納顧問1級。曾於建商和許多業界打滾，現不僅從事住宅相關工作，亦提供整理收納諮詢，還是電台主持人，生活多采多姿。喜歡無印良品的產品，喜用方便且亮眼的收納風格解決各種整理收納的煩惱。

家族構成　和丈夫2人同住

家中格局　3房2廳1廚房

Umi　@umi08_hibi、umi08_green

開始一個人住時，便採購喜愛的無印良品家具和家電，打造充滿無印良品的生活。自從在無印良品買了小小的觀賞植物後，對種盆栽萌生了興趣。無印良品、植物、咖啡是她生命中熱愛的三項事物。

家族構成　一個人住　家中格局　2房1廳1廚房

Katsura

RoomClip：Room No. 39

和先生以及一個4歲、一個1歲半的兒子住在一起。持續摸索更FIT他們家的舒適生活模式。

家庭成員　丈夫、2個兒子共一家4口

家中格局　1房2廳1廚房

kico.kwd

RoomClip：Room No.630385

育有3兒，年紀最長才小學，最小的甚至還沒上幼稚園。平時在家從事手工藝創作。因相當重視與家人相處的時光，而手工藝的工作便於自行掌控時間，所以希望未來也能持續從事這份工作。

家族構成　丈夫、2個女兒、1個兒子共一家5口

家中格局　5房2廳1廚房

maki　@ouchireset

整理收納顧問1級。戀家性格，能在充滿喜愛裝潢物品的空間和令人安心的家人相處，對她來說是至高無上的幸福時光。希望告訴更多煩惱「不知道該怎麼整理」的人，只要家中環境整潔，心情也會很輕鬆。

家族構成　丈夫和1隻愛犬

家中格局　3房2廳1廚房＋衣帽間

mioko　@simplelife_mioko

整理收納顧問＆室內風格師，住在3層樓透天的8坪小空間裡。由於家裡空間狹小，家人不擅長收納，能收納的空間也少，所以想出許多可以讓全家人在這3層樓的空間裡輕鬆生活的整理收納巧思。還是一個小學6年級、一個小學1年級女孩的媽媽。

家族構成　丈夫、2個女兒共一家4口

家中格局　3房2廳1廚房

Misaki

https://apricot339.exblog.jp/

和丈夫以及三個孩子同住的家庭主婦，平時還有兼差。喜歡自行裝潢，花費許多心思，致力於打造全家人都能舒服輕鬆過生活的空間。最近迷上園藝，開始DIY自己的花園。

家族構成　丈夫、兒子、2個女兒共一家5口

家中格局　5房2廳1廚房

生活之音@mico

https://kurashino-ne.net/

經營部落格「生活之音」，介紹簡素且可以長久使用的生活用具、無印良品產品、家居用品。目標是成為在任何地方都可以工作的自由工作者。

家族構成 丈夫、2個兒子共一家4口

家中格局 3房2廳1廚房

坂川成美 @narumi_saka

喜歡貓、濃郁的奶茶、硬麵包的插畫家。作畫時銘記「細膩構思、輕靈描繪」，畫風詼諧且中性。雜誌、書籍、壁畫等都是她繪畫世界的載體。

家族構成 和丈夫2人同住

家中格局 約3坪（工作區部分）

胖媽咪 @potte2house___ayu

住在鄉下一棟單斜屋頂房，1隻狗、3個娃（6歲、3歲、2個月）的懶人媽咪，嚮往步調緩慢的恬雅生活。Instagram上的家事與生活分享文緩慢更新中。

家族構成 丈夫、1個女兒、2個兒子、1隻狗

家中格局 4房2廳1廚房

無印女子 @muji_konabe

一個人住在外面的大學生。發揮自己在無印良品工作的經驗，於Instagram上分享無印良品的商品使用心得，還有自己生活的巧思。

家族構成 一個人住 **家中格局** 套房（附廚房）

無印Hayashi @muji_hayashi

上班族、YouTuber、部落客。1995年生，YouTube頻道「無印Hayashi」（無印ハヤシ）的主軸為「用無印良品構築簡單生活」，上傳各種圍繞著「無印良品」打轉的生活。內容包含「Room Tour」、「無印控日常」，前者為分享無印良品的產品使用心得和介紹自家空間，後者則為日常紀錄影片。

家族構成 一個人住 **家中格局** 套房（附廚房）

蕾娜 @__.rn9_

在房間裡擺設自己喜歡的東西，打造出容易專心唸書的書桌環境。喜歡漂亮的雜貨和家居用品，尤其經常購買無印良品的產品和韓國雜貨。目前正努力規劃出一個回到家後會想馬上坐在書桌前念書的書房。

家族構成 祖父、祖母、父、母、妹妹共一家6口

家中格局 約3坪（工作區部分）

usuriri

RoomClip：Room No. 1125872

於法律事務所兼職的家庭主婦。3年前重建了房子以因應現在夫婦兩人的生活，並於居家裝潢共享網站Room Clip分享照片。興趣為園藝、閱讀。由於以往工作地點經常變動，所以家中並無家具，都是用無印良品的收納用品充當家具使用。

家族構成 和丈夫2人同住

家中格局 1房2廳1廚房＋閣樓

yuki @sky___photo

喜歡攝影，經常拍攝野鳥等自然主題照片。妻子亦潛心於藤編創作。現居於集合式設計住宅，生活重心擺在MUJI＋KITCHEN上，所有家具幾乎都是以無印良品的組合層架組裝而成。

家族構成 和妻子2人同住 **家中格局** 無隔間

yu-san @yu_s.an

2018年5月住進現在這間使用原木地板和矽藻土等全自然建材的房屋。雖然房子本身已有系統家具，不過依然適時補充需要的家具和喜歡的器物，提高生活品質。因喜歡北歐風裝潢與無印良品，於是努力打造出日歐融合的裝潢風格。

家族構成 丈夫、兒子、女兒共一家4口

家中格局 獨棟2層樓

yuu @yuu0520

喜愛簡約、自然、北歐裝潢風格，不過度掩蓋生活痕跡，目標是營造俐落＆舒適兼備的居家空間。

家族構成 丈夫、2個女兒、1個兒子共一家5口

家中格局 5房2廳1廚房

warashibe

RoomClip：Room No.3981048

年過30，和一隻三毛貓（16歲）一起生活。因不擅長整理，所以將房間規劃成不需要整理的空間，即使東西隨便擺著也不致紛亂。

家族構成 1隻貓 **家中格局** 套房

岩城真由美 @iwamayu_

生活規劃師（Life Organizer）、瑜珈講師。經營「未來新生活、新瑜珈工作室」，創辦以「整頓身心與生活」為宗旨的整理和瑜珈課程。利用無印良品打造簡潔有力的生活。

家族構成 丈夫、兒子共一家3口

家中格局 3房2廳1廚房

STAFF

編集 ――― 森本順子、柏もも子、
大野はるか、楠りえ子（株式会社G.B.）
本文協力 ――― 川村彩佳、稲佐知子
デザイン ――― 別府 拓、市川しなの（Q.design）
DTP ――― G.B.Design House
秦けい子（ハタ・メディア工房株式会社）
COVER撮影 ――― 須合知也
COVER撮影協力 ――― yuki
取材協力・写真提供 ――― RoomClip

参考文献

『無印良品でつくるワークスペース』主婦の友社編集（主婦の友社）

『「無印良品」この使い方がすごい！』主婦の友社編集（主婦の友社）

『すごい収納用品、すごい100円グッズの使い方図鑑』
mujikko著（エムディエヌコーポレーション）

『長く使える　ずっと愛せる　「無印良品」探し』
mujikko著（主婦の友社）

『無印良品　片づけ上手さんの収納術』
主婦の友生活シリーズ（主婦の友社）

『無印良品のベストアイテム　無印良品でかなう、100のこと』
TJMOOK（宝島社）

Enjoy your
Workspace!

TITLE

無印良品 居家辦公 簡約時尚 整理哲學

STAFF

出版	瑞昇文化事業股份有限公司
作者	mujikko／pyokopyokop／miji／多位達人
譯者	沈俊傑
總編輯	郭湘齡
責任編輯	蕭妤秦
文字編輯	張聿雯
美術編輯	許菩真
排版	二次方數位設計　翁慧玲
製版	印研科技有限公司
印刷	龍岡數位文化股份有限公司
法律顧問	立勤國際法律事務所　黃沛聲律師
戶名	瑞昇文化事業股份有限公司
劃撥帳號	19598343
地址	新北市中和區景平路464巷2弄1-4號
電話	(02)2945-3191
傳真	(02)2945-3190
網址	www.rising-books.com.tw
Mail	deepblue@rising-books.com.tw
初版日期	2021年12月
定價	300元

國家圖書館出版品預行編目資料

無印良品 居家辦公 簡約時尚 整理哲學/mujikko, pyokopyokop, miji &多位達人作. -- 初版. -- 新北市：瑞昇文化事業股份有限公司, 2021.09
128面；14.8 x 21公分
ISBN 978-986-401-516-0(平裝)
1.家庭佈置 2.空間設計

422.5　　110014276

狭い部屋が仕事場に大変身! 無印良品でつくる快適ホームオフィス
(SEMAI HEYA GA SHIGOTOBA NI DAIHENSHIN !
MUJIRUSHIRYOHIN DE TSUKURU KAITEKI HOME OFFICE)
by
mujikko、ぴょこぴょこぴ、ミジほか